未
UnRead
–
思想家

去，过你想要的人生

谷歌职业规划师写给全美大学生的行动指南

〔美〕詹妮·布雷克〔Jenny Blake〕◎著

傅婧瑛◎译

北京联合出版公司
Beijing United Publishing Co.,Ltd.

Life After College

致我的家人——

感谢你们一直激励我要拥有远大理想，

感谢你们让我相信自己有能力实现自己的任何目标。

序言

现实世界中不存在什么行动指南。读高中和大学时，我们有老师、辅导员，老师还会在课堂上提出各种要求。可是，从毕业的那一刻起，所有人都觉得我们马上就该知道自己该去哪儿，该去做什么，还得知道该怎么实现下一个目标。问题是，我们根本不知道"下一个目标"是什么。

也许很多人是第一次面对这样的情况。如果没有一份明确的指示图，或者不知道该怎么制作一份指示图，我们只能傻站在原地。

在这本书里，我把自己在从校园步入社会的这段旅程中的各种细节组合在了一起。它包含了我个人的经验和教训，以及有用的实践经验和资源，同时还有不少大学毕业生的真知灼见。出版这本书的目的，就是帮你集中精力确定自己的人生方向。这些大方向包括你的希望、梦想，还有最高的人生理想。这本书只是一个起点，它能帮你着手创造自己真正想要的生活，鼓励你在总结实践经验并寻找大学毕业后的人生方向时，跳出固有的思维模式。

我大学毕业后的人生

我"大学毕业后的人生"开始得很早，在UCLA（加州大学洛杉矶分校）读大三那年，刚过了一个学季，我就得到一个千载难逢的机会。我选择了休学，同我的政治学教授及导师，还有其他四位大学教授，一起创办了一家在线调查研究公司，我是最年轻的雇员（其他人至少有15年工作经验）。但除了在大学里的几份实习工作外，我的工作经验为零。

刚起步时，我的工作极为繁重。我既是办公室主任，还要维护网站，同时还是市场营销助理。但每天努力工作，并且不断学习、总结经验，让我变得更加自信。但有时，我感到自己被孤立了，孤独而迷失。当我纠结于健康保险和养老账户，并担心自己怎么才能成为一个好雇员时，我的朋友们还在享受快乐的校园生活，轻松地参加考试。当听到他们过得那么潇洒时，我简直妒火攻心，我甚至怀疑自己是否做出了正确选择，尽管内心深处我知道自己没选错。

于是，我开始读书、研究，开始为自己设定目标。我开始研究个人理财、时间管理、组织管理、生产效率、商业行为、领导力、个人成长、设定目标、健康以及快乐这些课题。我读了超过 150 本与个人发展相关的书，而且听过了和以上所有问题相关的课程。

公司成立后的第二年，我回到 UCLA 读完最后一个学季，并在 2005 年春季毕业。那时，我觉得自己有义务把这段时间积累的经验和教训，分享给那些像过去的我一样迷失的人，于是我建立了一个网站（LifeAfterCollege.org），两年后，我把这个网站变成了一个博客。

这是一个金光闪闪的成功故事，对吧？但是问题来了，很快我就要遭遇自己的"青年危机"了。

成功带来的动力——既是恩赐又是诅咒

"取得成功"就是我人生的动力。大多数情况下，这种激励方法非常有效。20 岁那年，我开始在那家刚起步的公司做全职工作。我花了三年时间攻读了双学位，顺利从 UCLA 毕业，而且还成为优秀毕业生。

25 岁那年，我进入谷歌公司，完成培训课程，成为人生指导师，当上了经理。我还完成了人生中其他一些重要的目标，比如跑完一个马拉松、买下一栋房子。在这期间，我并没停下自己的副业，比如写博客和这本书。如果你觉得只有鲁莽的人才能在如此短的时间里实现如此多的目标，那么你是对的。我碰壁了，结结实实地撞上墙了。

"青年危机"及时把我从这种高速运转的工作生活状态中解救了出来。25 岁生日后不久，我意识到自己已经精疲力尽了。我不知道怎么才能保持这种成功的速率，整个人都无比痛苦、无比疲劳。我知道自己不可能在剩余的人生中保持这样疯狂的速率，可当我想到要慢下来时，却又害怕了。这种想法确实吓到了我，因为我唯一懂得的，就是不断实现目标，然后取得成功。

有意识地为我的"顿悟时刻"埋下种子

最开始，我感到不高兴，认为错在自己，觉得自己是被惯坏了，有不高兴的想法实在太荒谬。于是我尽量无视自己遇到了麻烦的事实。但各种危险信号很快就层出不穷。我的情绪变得异常糟糕。我很累，而且压力山大。更让我觉得丢人的是，自己都不好意思承认，其实我哭过很多次。无论是工作时，还是开会时，每一次我感觉都跌到了职业生涯的谷底。

当第五、第六、第七个危险信号出现在眼前时，我知道自己必须做出改变了。人们总说，我们拒绝承认的东西总会坚持不懈地出现。在我这里，我的身体和大脑不停发出警报，直到我终于认真对待自己的问题。我退后一步，好好思考了一下自己到底想要什么，认真想了想在那一纸薄薄的荣誉证书后面，我到底是什么样的一个人。

从星星之火到燎原之势

2007 年，我参加了一个改变人生的培训课程。我的人生指导师问我："你觉得自己生来该做什么？"我磕磕巴巴地迟疑着给出了答案。过去从来没有人问过我这样的问题，但我心里知道答案，知道自己想去帮助其他迷失了方向的年轻人。我想帮助其他人，让他们能快乐地生活，想用实用的经验和方法帮助别人过上均衡的生活。

第一堂人生训练课程结束后，我找到了灵感，明确了自己的人生目标，由此形成了燎原之火。周末空闲时，我会去参加人生训练课程，我会在晚上和清早培训客户，服务领域包括职场的培训和发展。我没有特意征求他人允许去帮助别人，而是直接付诸行动。通过把激情转化为实践，我的能力也变得越来越强。而接受我帮助的人，也终于有机会缓解一下生活压力。

最终，经过无数个挣扎的夜晚，通过不断探索大学后的生活，我终于找到了获得自己梦寐以求的工作——谷歌职业发展计划经理的方法，觉得这份工作就是为我而设计的。

在这段旅程中，你不孤独

我希望无论现在你处于什么状态，无论你毕业多久，你都要知道，这段旅程中你并非孤身一人。变化永恒存在，只有一件事是确定的：大学毕业后的人生充满起伏、充满个人探索，也充满成长的机会。

除了经常调整自己的人生计划、开启一段事业、弄懂如何管理自己的财富以及保持和他人的关系外，要过好大学毕业后的人生，最重要的是要知道掌控命运的是你自己，你要为自己的未来负起全部责任。我希望读完这本书后，你能得到启发和力量，能够创造自己想要的生活。我知道你能实现自己的目标，我会尽自己所能在这段旅程中帮助你。

关于本书

这不是一本故事书，而是包含了建议、他人的忠告和各种实践经验。每一章会集中关注一个人生领域的大问题，包括：人生大方向、工作、金钱、家庭、组织社团、朋友和家人、约会与感情、健康、娱乐与放松，以及个人成长。

这本书会帮助你制订一个到达理想人生的计划，但它并不是包含一切的万用指南。

我相信你都知道如何使用网络搜索，我相信你都是有创造力、聪明而且善于随机应变的人。如果你想看的是关于如何找房子、如何设立养老金账户或者报税，那这本书大概帮不上你什么忙。（不过为了帮助大家，我在每一章后都列出了推荐书单。）

你不需要按顺序读完这本书。你可以随意跳到自己感兴趣的章节，或者随便翻到任何一页，这样也能找到灵感或有用的想法。

你不必同意书中的每个观点，也不必听从每一条建议。选择对自己有用的内容，其他的无视就行了。亲自实践那些引起你注意的点子，找时间去真正动手操作（目前看来，这也是让你的书不白买的唯一办法）。如果你觉得我说错了，千万不要介意，一定要大声说出来！

序

关于图标

每部分信息的目的都是让阅读变得更轻松。以下是你将会看到的信息类型：

詹妮的忠告
毕业后人生的最佳实践

毕业生的建议
采访各年龄段的人

人生指导实践
引起你思考的问题。拿起笔和本，尽最大努力发挥创造力

深度探索
对一些关键问题的深入探讨

人生金句
公众人物鼓舞人心的名言

来自推特的建议
毕业生给出的 140 个字以内的智慧。

推荐阅读
每个专题的推荐阅读书单

在书里涂鸦

这本书不需要小心保管。这是你的书，你可以把
自己的想法、笔记和各种灵感记录在里面。

目　录
CONTENTS

Chapter 1
人生：你的大方向

> 遇到好的机会时，抓住它。
>
> ——尤吉·贝拉

在开始讨论工作、金钱、感情这些问题前，让我们先来看看自己的人生大方向。明确自己的价值观和目标，能让你在做任何事时都有一个稳固的根基。"人生大方向"这个指南针能指引你做出重大决定，也能在你不满、失落或是迷失时，帮你重新找回方向。

本章的目标是帮助你找到真实的自我，找到什么令你快乐，让你明白自己到底想要什么。这一章也包括学会如何在冒险时做出明智的决策，以及如何不过度焦虑地合理规划未来。最后，人生的目标是能在所处环境中找到适合自己的位置，同时利用自己独特的见解，打造出一个更好的世界。

本章内容包括：

◇ 确定你人生的"大方向"

◇ 确定你的核心价值观

◇ 找到你的短期和长期目标

1

我的人生座右铭：每天前进一步

> 过完一天，就是一天。你已经做到竭尽所能。有一些错误
> 和荒谬的滋味会悄然而至，尽快忘掉它吧。明天是全新的开始，
> 不要让今天的错误影响你明天的平静和崇高精神。
>
> ——拉尔夫·沃尔多·爱默生

想知道好事是怎么发生的吗？我指的是实现人生目标，实现那些宏大得有些吓人的梦想。比如说买下一幢房子、过上健康的生活、庆祝结婚60周年纪念日（就像我的爷爷奶奶那样），或者实现了自己的新年计划。

我来告诉你怎么做到。每天前进一步就是了。我再说一遍：每天，前进一步。没错，明年是新的一年，今天就是新的一天，尽可能地过好每一天。不积跬步，无以至千里，再耐心一些，努力养成新习惯。哪怕恐高，每天也要朝山上爬上一小步。

每当我想到要坚持完成某件事，比如认真地去过健康生活、认真地投入一段感情，或者在剩下的人生中还房贷时，就会有一种压力山大的感觉。我不知道你怎么样，可我觉得这些念头会让人内心麻木。这就像让我的大脑门户大开，而那些具有破坏力的想法在里面横冲直撞，并暗示自己会把一切搞砸。所以，别再用这些大事件惊吓自己了。你实在没有必要一次性把所有的人生大事都完成。你只需要在一天里付出自己最大的努力就够了。

而这一天，就是今天。

> 苟日新，日日新，又日新。
>
> ——亨利·大卫·梭罗在《瓦尔登湖》中引用的中国铭文

无论是面对新工作，还是远大的理想，或是其他令人望而却步的尝试，无论是什么能让你感到脆弱、迟疑或缺少安全感的事情，你能取得成功的唯一办法，就是相信自己的直觉，慢慢地小心前进。如果什么事让你感到害怕，那正好说明你得到了难得的天赐良机。这是好事。

压力来自于对过往的遗憾和对未来的担忧。关注当下，要相信，就在今天，你可以成就自己并实现真正的人生目标。如果遭遇挫折了呢？站起来，第二天继续前进。每天，前进一步。

帮我一个忙：在人生这条路上，记得去笑，记得去爱。

Ⓙ 詹妮的忠告

花些时间思考一下人生的重大问题

- 你的人生目标是什么？你拥有什么特别的天赋？这些问题不那么容易回答，可一旦你开始寻找答案，那么人生中一些更小的目标就要有眉目了。

- 你可以开始思考一下"想对其他人产生什么样的影响"这样长远的人生目标了。如果你挥动魔杖就能从某种程度上改变别人，你希望他们有什么样的感受？你的哪些特质能够激发出这样的改变？

- 比如，我认为我的人生目标，就是去激励他人各自过上最好的生活；我想通过简单的练习和实用的技巧，帮助人们把精力集中在人生的大方向上。

- 留出些时间想想，明年你希望成为什么样的人？你打算如何改变自己？你想发扬哪些长处？你信仰什么？你想让自己的人生拥有何种意义？你希望别人因何缅怀你？（本章最后有一些小练习，能帮你进行头脑风暴，找到这些问题的答案。）

弄清成功对于你的意义

- 成功有两种：内在的成功和外部的成功。成功的定义由自己确定——做什么能让你有成就感。不要等待外部世界的认可，或者由外界为你定义什么是成功。

- 试着把注意力集中在自己身上，不要与别人进行比较。你就该是现在这个样子。就像老话说的那样："对比是徒劳的。"

- 朱迪·嘉兰曾经说过的一句至理名言："做一流的自己，而不是二流的别人。"

明确自己的价值观：以此为指引

- 花些时间明确自己的价值观（完成本章后面有关价值观的小练习，那会是个不错的开始）。价值观是人生的核心行为指南。通常来说，你的价值观不是自己选择的；价值观反映了你的现状，反映了哪些事最能让你感到满足。

- 注意那些让你感到停滞、矛盾和不快的部分。通常来说，这是一个清晰明确的信号，提醒你你的某个（或某些）价值观受到了挑战或者遭到了践踏。

树立明确的目标，把它们记下来

- 少即是多，这能让你把精力集中到最重要的事情上。在某个特定的时间段内，选择两三个主要目标，优先解决他们。一完成这些目标，你就可以制订新的计划。

- 允许自己拥有远大理想。当新的理念带给你灵感时，不要陷入"到底该怎么做"的泥潭里。在你把注意力投入到细节前，要先确定自己想要的到底是什么。

- 当别人对你特别想要的东西说"不"时，把这当作一个机会，向自己（也向那个人）证明这个东西对你到底有着什么样的意义。通常来说，说"不"其实是一个证明，证明"是"是更好的选择的机会，或是能让你换一种方式提出自己的想法。

- 在追求远大目标的过程中，不可避免地会出现动力消退的状况，你要坚持不气馁，重新把精力集中在你想到的最棒的结果上，而这正是当初设定目标的原因。把动力的减退视为你追逐理想过程中的一个里程碑。

- 你得明白，和别人分享自己的梦想时，并不总是能得到积极热情的回应。也许你会听到诸如"你确定吗？""这事靠谱吗？"或者"那行不通"这样的说法。不要因为他人对你潜力的狭隘认识而泄气。这是属于你的独特观点和梦想，如果他们暂时认识不到，那也没什么。

要积极主动地获取幸福，尽可能去享受整段旅程

- 人生是自己的，你得对自己负责。如果你不高兴，别只是不停地抱怨——想想自己该做些什么。

- 别等到将来才追求幸福。今天你该做些什么才能让自己高兴？现在做点什么能让自己高兴？

- 每天对自己说，要耐心、要宽容、要感恩、要慈悲。

- 你找或不找，快乐一直都在。当你有积极的感觉时，留心并强化这种感觉——专门抽出一些时间，全身心地享受这样的感觉。

把问题和挑战看作机会，要知道，低谷意味着更广大、更美好的未来

- 你的人生由自己掌控——做事要积极主动。要对世界保持好奇，把每一次体验都视为学习的机会。

- "问题"其实是上天慷慨赠予帮助我们学习、进步、适应以及成长的礼物。没有挑战就没有胜利；没有山谷就没有高峰。花些时间，去庆祝并接受你人生中此时所面对的挑战吧！

- 有时候我们期待生活能轻松一些，而当生活变得艰辛时，我们就会感到不安。生活本就不易。人生总有高低起伏；重要的是，在高潮时享受并感恩，在低谷时学习并成长。

- 万物皆有因果。不要把太多时间浪费在追问"为什么总是我"这种问题上。相反，要在经历中找出能在未来帮助自己的东西。

- 当你处于崩溃边缘，想要大哭、尖叫、怒吼或者以头撞墙时，记住，深呼吸。闭上眼睛，深呼吸三次。尽管在那种时候你很难想起去这么做，但你会惊喜于它所带来的帮助。

- 有一种说法是，"你所抵抗的，会持久存在"。有时候让自己坦诚面对困难和痛苦，其实能让你更快地渡过难关。

- 试着在应对艰难局势时默念以下格言："一切尽在掌握之中。"如果这句话对你不起作用，那就找到适合自己的格言。

- 你要知道，自己是有选择的。不要盲目地生活，要对自己眼下的行为有所警醒——在是否要继续有破坏力的想法和行为前，自己得有意识地做出选择。当行为逼近你为自己设置的界线时，要主动地走出第一步，摆脱桎梏。

相信自己，你比想象中更了解自己

- 听从本能，相信直觉。有时候，本能比大脑知道得还多。

- 利用直觉做出重大决定。如果仅仅因为 10 个人、1000 个人或者 100 万个人相信某件事是真的，那么它并不一定就是真的，或者它适合你。学会质疑，自己决定自己的人生。

- 相信直觉，就像锻炼肌肉那样。根据直觉或自信做决定，也许你不得不承担风险。但当你看到这些冒险和决定收到回报后，将来你就会更相信自己。

- 真正弄清了自己到底想要什么，就有把握住好时机的可能。

玩得高兴！

- 别忘了带上幽默感！微笑也好，大笑也好，无论做什么都要努力找到其中的乐趣。

- 一定要为自己庆功。很多人不愿意为自己庆功，在你为下一个重大的目标而努力奋斗前，抽出一些时间，好好欣赏一下已有的成就，向自己致敬。这都是你努力付出得来的，你当然该为自己庆祝。

- 扩展你的兴趣——让快乐的来源变得更广阔一些。快乐的时光是上天的恩赐，我们应该全身心地投入进去，尽可能多地享受每一秒。

大学毕业生的建议

笑。多笑。无论多艰难，都要坚定信念。我把人生看作股票指数——无论跌得再低，总有一天会迎来反弹。不要着急。人生实在太短暂了，享受生命的每一刻吧。忠于自身感受，保持真我，坚守自己的真爱。

——塔拉·C，加州州立大学萨克拉门托分校

"真实的世界"不会在你毕业后向你伸开双臂，为你提供一切需要的东西。你需要坚持不懈地努力工作，才能创造自己理想中的生活。毕业之后，你会面对无限可能，但想把那些付诸现实并不容易，而且结果也不一定尽如人意。但这同样令人兴奋。

——克里斯蒂·R，圣爱德华兹大学

别因为自己的选择而压力山大，那会让人变得麻木。朝某个方向迈出一步就是了，去尝试，哪怕你很恐惧，哪怕结果未知。这个年龄就该这样，别去管什么错误，我们只是要积累经验而已。

——奈丽萨·G，加州大学圣巴巴拉分校

在这个阶段，不必过于担心自己是否走在"正确的道路"上。最好的机会总会在最出人意料的时刻、以最出人意料的方式出现。最重要的，是要保持开放的心态和灵活的态度。

——LVL，亚利桑那州立大学

找到属于自己的路！我们中的大多数人毕业时都是满腹经纶的，但对自己却一无所知。我们从其他人那里得到该去做什么的建议，却没有自己的想法。除非你真正了解了自己，知道自己想要什么，而不是别人认为你想要什么，否则你是不可能找到正确道路的。对于因希望达到其他人的期望而产生的压力，

忠于自己的感受，摈弃任何不是发自本心的想法。

——亚德里安·克拉伐克，南加州大学

X 练习：明确自己的价值观

价值观是一种信念、一种使命感，或是一种对你来说有意义的人生观。无论自觉与否，每个个体都有属于自己的价值体系。价值观不是你能选择或者随需而变的东西；它代表了你的现状，是指导你行为的核心原则。当你没有按照自己的核心价值观生活时，就很有可能产生紧张或者不高兴的感觉；与之相反，当你按照自己的价值观生活时，就能得到最大的满足感和深深的幸福感。

1. 以下是普通人的价值观列表。

首先，通读这份列表，然后圈出 20 个最能引起你共鸣的词（如果找不到自己理想中的价值观，你可以随意写下自己的内容）。

普通人的价值观：

取得成绩	称职
负责	竞争
准确	控制
冒险	合作
可靠	创造力
自主	决断力
美丽	快乐、愉快
归属感	民主

冷静（内心平静）	纪律性
挑战	发现
改变	责任
干净	易用性
合作	效率
承诺	平等
交流	卓越
社团	兴奋
探索	包容
公平	激情
信念	爱国主义
家庭	和平、非暴力
灵活	完美
自由	坚持
友谊	个人成长
乐趣	生命力
慷慨	高兴
全球视野	积极态度
善意	权力
感恩	实用性
成长	保守
幸福	隐私
勤奋工作	解决问题
和谐	进步
健康	工作的质量

帮助他人	安静
城市	规则性
荣誉	资源丰富
幽默	尊重他人
独立	有同情心
创新	以结果为标准
灵感	冒险精神
正直	安全感
亲密	满足他人
正义	平安
善良	自力更生
知识	服务（他人或社会）
领导力	分享
爱	天真
忠诚	技能
价值	速度
优点	灵性
谦逊	稳定
金钱、财富	地位
力量	传统
组织结构	平静
成功、成就	真相
系统化	无拘无束
团队合作	团结
坚强	多样性

时效性	热情
宽容	福祉

2. 现在把这份列表缩减到 10 个词，写在下面。

....

....

....

....

3. 选出 5 个对你来说最重要的词，按照从最重要到最不重要的顺序排序。

这可能比听上去更难做，也许你需要好好考虑一下，明天或者本周晚些时候再做这件事。（这项练习花了我大约两周时间，我不停地排列、重新排列我的列表。你可以把前 10 项写在便利贴上，粘到家里的墙上，然后重新排序，直到自己满意为止。）

我的五大价值观（以今天的顺序为准）

....

....

....

....

....

4. 价值观链——我们用来描述自己价值观的语言，对于每个人都有着不同的意思。

价值观链有助于为你所认同的每一个价值观创造一个更完整、更个性化的图景。就像玩词汇联想游戏那样，补充你认为能准确描述自己"五大价值观"的内容。

你在价值观链中补充的内容不一定非要是形容价值观的词语，它们可以是对某种感觉或想法的主观或直觉的描述，比如"大峡谷"或者"站在世界之巅"。

· 以下是一条简单的价值观链：

个人成长／学习／成长／挑战自我／活出伟大！／增长我的见识／传授知识／指导他人／激励他人

我的价值观链：

(1) 价值观 1:

(2) 价值观 2:

(3) 价值观 3:

(4) 价值观 4:

(5) 价值观 5:

旁注（以及我的个人价值观列表）：

用来描述自己价值观的词语并不一定要出自本章内容。不必拘束，发挥创意，自己来写！以下是我的个人价值观——你会发现其中的一些非常独特（但是对我来说，每一个都能完美地传达出我的感情）：

自由——自由地做真实的自己，自由地保持真诚，能够自由地过上独立的生活。无论从经济还是感情上，都能自由地独立支撑生活（我从来不会因为害怕离开而维持一段感情或者忍耐一份工作）。回自己的内心寻找平衡与宁静，而不是把自己的幸福寄托在他人身上。

服务——利用我的才能服务其他人；鼓舞、激励、传授、促进他人过上最好的生活。把我的人生投入到帮助他人激发全部潜能的工作中；帮助他人得到力量，让他们开心、自信，变得更有创意。

生命力——通过从事自己热爱的工作而充分展示自我。为了保持活力并获得长久的健康和幸福，要养成健康的睡眠、锻炼以及饮食习惯。重视自己的身体，把身体当作一台运转良好的机器来养护；不管是否存在明显的缺点，都要爱并接纳自己。

感恩——每天抽出时间赞美并感谢我的健康、我的家人、我的朋友、我的工作、我回馈他人的能力，以及其他让我感到无比幸运的小事。经常向别人表达感激。

成长——我很享受向别人学习的经历和过程。从自己的失败和成功中总结经验。通过阅读，进一步接受教育获得新的体验，找到挑战自我、强化自我的新方法。

纸杯蛋糕！——这只是我展示自己的搞笑、风趣的一面。要经常庆祝！沉浸在自己的爱好中，记得要开心、放松，找到过得更快乐一些的办法。

彻底燃烧——向世界传递正能量。不管在哪儿，我都努力把乐观、快乐和微笑带进房间或传递给交谈对象。我会时刻注意自己对别人的影响，不要在身后留下阴影——要成为一个有激情、快乐而阳光的人。

去冒险——要有远大理想！去冒险！完成飞跃！要么伟大，要么平凡。做那些让我感觉不舒服的事情——这会挑战我为自己设定的界限。骑到野虎背上——不配鞍，没缰绳。享受并适应人生带给我的那种疯狂的起伏和惊喜。

Ⓧ 练习：你的人生报告卡

在下列人生大事清单中（这些内容也是本书的各个章节），按照你对现状的满意程度做出分级（按照从 1 到 10 的范围评分）。你要考虑自己现在的感受，你将来可以随时调整这份报告卡的排序。定期检查这份报告能够帮你厘清自己哪些方面做得好，哪些方面出现了挫折或遭遇停滞，以及在哪些方面还能变得更加平衡，更加满足。

——工作

——金钱

——家庭

——组织社团

——朋友

——家人

——约会与人际关系

——健康

——乐趣与放松

——个人成长

Ⓧ **练习：梦想人生头脑风暴**

既然你已经对各项人生大事打了分，接下来，就该写出你真正的梦想了。

在这个练习中，请描述出在你的心里每项人生大事能打"10分"的样子。从现在起到一年后，你想得到什么？想做到什么？或者想变成什么样子？

工作 _____

_____

_____

_____

金钱 _____

_____

_____

_____

家庭 _____

_____

_____

_____

组织社团 _____

_____

_____

朋友

家人

约会和人际关系

健康

乐趣与放松

个人成长

其他

✕ 练习：人生目标头脑风暴

梳理完自己对各项人生大事的想法后，最后一步，就是根据接下来的一年你想做的事、想拥有的东西、想获得的体验，以及想学到的知识或技能为自己设定目标。

写下自己的目标，正是朝着真正实现目标迈出的有力一步。下一页有一份表格，你要分别写出自己未来 6 个月、1 年和 3 年的目标。给自己留出 15 分钟，在每一个方块里写下尽量多的内容（可以用之前的练习做个开头）。当你感觉已经写完时，强迫自己在每一类里再多写一些（这些也许会是你最有创意的想法）。

提示：某些空格你完全可以空着不写。比如，在某段时间里，可能你没有与学习技能、接受教育相关的目标。或者，有时候"想成为什么 / 有什么感觉"在任何时间段可能都是一样的。如果有这种情况，只填第一行就行。

	想做的事	想拥有的东西	想成为什么人 / 有什么体验	学习技能或接受教育
6 个月				
1 年				
3 年				

深度探索：远大、可怕、困难的目标

远大、可怕、困难的目标。你知道我在说什么——这些目标看起来太过远大和恐怖，你甚至不敢承认这些目标的存在。远大、可怕、困难的目标需要特别关注。

写下这些目标很难，因为你也许会害怕失败，你会面临很大的风险，可能无法确定自己是否真的能够实现这些目标。

通常来说，大声说出这些目标是最恐怖的。在别人清醒时大声对他说出这些目标会更恐怖，但这样会让你的目标变得更真实（甚至更有可能实现）。

当别人第一次告诉你他们的目标，尤其是远大、可怕、困难的目标时，记得祝贺他们！不要谈论你对现实问题的担心，或者说出任何可能阻止他们的话——通常这些话其实说的都是我们自己的负担，或者我们自己有限的认识，和他们无关。同样，不要因为他人的界限而阻碍自己前进。这是属于你的特别的目标，不是他们的——所以这就可以讲得通为什么不是每个人都能立刻看出这些目标实现的可能性了。

这些目标越是远大，越是重要（我指的是能让人生得到满足的那些目标），"内在批评"的声音就会越大，并且会更持久。内在批评也被称为"麻烦制造者"或"蓄意破坏者"，指的是那些让你泄气的声音，或利用诸如"你经验不足/不够聪明/不够特别，无法实现这个目标"或"你做不到，你以为自己是谁"这些想要维持现状的声音。我们都有"内在批评"。学会分辨这些声音与"你知道什么是真的"之间的区别。（这部分内容在"个人成长"一章里会有详细讲解。）

如果你不再用"可怕"来描述自己的目标，目标本身的"可怕性"也就逐渐消失了。"可怕"意味着机会本身足够重大。我们所使用的语言创造出了我们生活的现实。和别人分享自己的远大目标时，一定要骄傲并且开心，不要因其远大而退缩！

设定远大、可怕、困难的目标，并且为此付出努力，这种感觉其实特别好。这当然不等于你会变得轻松或者无须努力。不过能扩展并超越对自己最初的设想，这真的很棒。假如能在这个过程中学习、成长并且激励他人，那种感觉只会更好。最后，失败的感觉其实很好，你知道自己能够重新振作起来。这么说来，快出去做事吧！不要担心摔得满身泥土。

Ⓧ 练习：获取远大、可怕、困难的目标

假设你永远不会失败，你会做什么？

_____

_____

你的一生中，你觉得实现哪些目标最能让你自豪？

_____

_____

在设定或者追逐最远大的目标时，哪些内在批评阻碍了你？

_____

_____

针对这些内在批评，你会给自己什么建议？

深度探索：坚守目标

设定目标是个相对简单的过程。选择自己想做的事或者想拥有的东西，把他们写下来，这是一个明确、可控、以行为为基准、现实而又有时间限制的行为。然而，坚持自己的目标，就是另外一回事了。

有些目标靠不住——它们从来就不够现实，在你反应过来前，你早就把这些目标忘在脑后了。真正有意义的目标都会持久——它们拥有生命力，你会忍不住不停地为之不懈努力，直到最终实现它们。

以下这些策略帮助我在 2008 年达成了"跑完马拉松"的目标。对我来说，那本是一个完全不可能实现的目标，但很快，我就得到了完成后的回报和愉悦感。

得到激励

在真正开始行动的一年前，我就有了跑完马拉松的念头。那时我意识到，每当有人提起他们为马拉松进行训练或者完成过马拉松时，我就会特别嫉妒。有一天，当我在博客上承认"我仍然很害怕，不敢为准备马拉松而训练"后，一个陌生读者给了我回复，回复里链接了一个 YouTube 的视频，名叫"跑完我的第一个马拉松"。看完那段视频后，我得到了非常大的鼓舞，立刻投入到马拉松训练中。

得到（并且保持）激励，无论这种激励来自视频、朋友、家人还是其他对你重要的因素，这些对于坚持目标来说都无比重要。就像是你准备放弃时，重新给自己补充了能量。

完成一次具有象征意义的购物，表达"我很认真"的意思，这有助于实现目标

决定参加马拉松后，我立刻定制了一双 Nike+ 跑鞋，这双鞋可以无线连接到我的 iPod 上。我定制的是 UCLA 的配色（棕熊加油！），而且在鞋后面绣上了我的座右铭"活出伟大！"。在剩下的训练期和之后我参加的所有活动中，它就是我的幸运鞋。每当穿上这双鞋跑步，我都有一种身为跑者的严肃感，而我也不准备让自己的新鞋失望；我决定穿着它们，一直坚持到马拉松比赛那天！

设置经常性的检查，让自己负起责任

准备好全身心投入到这个目标后，我给爸爸打了电话。他是个马拉松老手，我跟他说了自己要跑完马拉松的想法，我还在纸上写下了 10 个问题，问他能不能每周日帮我回顾，好让我对自己负责。诸如"你跑完长跑了吗？""从这周的奔跑中你学到了什么？"，还有"你享受到乐趣了吗？"这些问题，不仅能让我继续保持前进，让我不仅仅把精力集中在目标上，还可以享受整个过程。另外，我还知道，如果我彻底放弃了，肯定会有人批评我——周日的时候我该怎么跟老爸交代？

想象成功

我不知道还能如何强调"想象成功"的重要性，也就是从已经取得成功的角度看待自己。这能为未来的行动创造一种积极的氛围，同时坚定你

心中获胜的信念。我设计了一张《自我》杂志的封面（封面人物当然是我），然后把这张图贴在了卫生间的镜子上，以此代表我的目标。我还写了一篇《人物特写》，好像已经因健康饮食和锻炼的习惯而取得成功，并因此接受采访，以此来想象我在取得成功后会有多棒的体验。

当我在训练中情绪低落时，我会去回忆自己最初的想法，在大脑中描绘在马拉松比赛里冲过终点线的样子，我的身边围满了朋友和家人，而我会有多么兴奋和自豪。

考虑其他选择——不坚持自己的目标

坚持目标的备选项，其实是放弃。当我想到放弃时，就会想到这么做会给我带来什么感觉。我会感觉灰心丧气和失望。尽管有时候获得动力并不那么容易，但我知道，让自己失望的感觉更糟糕。

避免陷入"全有或全无"的陷阱

也许你以前有过这样的经历：出现一个小小的错误后，你就放弃了自己的目标。我把这种情况称为"全有或全无"的陷阱。它描述的是这样一种感觉：如果我不能 100% 地做成某事，我就彻底不该做这件事；或是万一在中途出现曲折，我也该停下来，宁可让一切崩溃，也不会去做出调整让事情重回正轨。

事情偏离正轨时，不要大惊小怪，重新振作起来，从自己失误的地方继续开始。事实上，"偏离正轨"很多时候只是让你得到必要的休息而已。

不要忘记感谢

我从没在练习跑步时抱怨自己的生活有多么痛苦，相反，我努力把精力集中在自己该感恩的事情上。当跑步变得越来越辛苦时，我内心会率先出现这样的声音："我好累。我的脚好疼。我快热死了，快渴死了。我还有好长的路要跑。"

那时，我会特意停下来，把心态转变为："能跑步我就已经是个幸运儿了。感谢上苍让我保持健康和强健，让我的身体能够坚持撑过这个疯狂的训练过程，让我有 5 个小时可以待在户外一个人思考。感谢上苍让我能够享受自然的乐趣——蓝天、小鸟、流水和自然中的人们。感谢上苍，让我在完成长跑后自信心得到这么大的提升。我感谢支持我的朋友和家人，他们在这个过程中的每一步都给我鼓励。"

一小时一次，一天一次，一周一次，慢慢完成自己的目标

最初开始训练的几周里，有那么几次，一想到一个人要跑完 21 英里，我整个人都要崩溃了，更别提要跑完一个完整的马拉松。那时，我觉得 8 英里就是我的极限了，21 英里简直是不可能完成的任务。我只能不断提醒自己，别担心未来几周，想象下周六的长跑就够了。我对自己说，以后我会有更多的时间担心那些长跑，何必现在就开始呢？

不要被自己的宏大目标吓到。想长久坚守一个目标，就把目标拆分成一个个看上去更有可能完成的小部分，以完成它们建立信心和对目标的黏合度。一旦开始朝着目标努力（要跟朋友、家人和同事分享这个消息），你就真正投入到了其中，这样，就很难撒手放弃了。

一点一点，一周又一周，靠着之前的努力，我开始越来越多地实现了自己的目标，直到最后我真正冲过了马拉松的终点线。那是我人生中最自豪的时刻之一。

⊗ 练习：坚持目标策略头脑风暴

过去哪些做法能帮助你专注于自己的目标？

_____

_____

_____

_____

有哪些新方法能在未来帮助你坚持完成目标？

1. _____

2. _____

3. _____

4. _____

5. _____

对你来说，坚守目标、最终看到自己实现目标有着什么样的意义？

_____

_____

_____

_____

_____

Ⓧ 练习：让嫉妒为自己所用

嫉妒也许是七宗罪中最致命的，但它同样可以成为一个有力的工具，帮你明确自己到底想成为什么样的人、想拥有什么东西，以及如何得到以上两者。

在下面的练习中，你要让嫉妒为你所用。把妒忌和嫉妒这些通常被视为消极面的情绪当作重点。这看上去有些奇怪，不过在厘清自己的未来需求时，嫉妒却能发挥具有建设性的积极作用。

说明

在左侧的空格里写下你嫉妒或钦佩之人的名字（不管你是因为他们拥有的财富、做过的事情还是具有的品质而嫉妒或钦佩他们）。他们可以是你认识的人，或者是泛泛之交，也可以是公众人物。在右侧的空格里，写出你选择这个人的所有原因。

试着先不做自我审查——写出脑子里的所有想法，无论它是肤浅的（比如拥有一辆好车），还是更有实际意义的（比如慷慨）。在接下来的两周里，不断补充这份表格，然后在自己在意的主题和关键领域里循环检查。

当我完成这个练习时，我在自己的表格里写下了几乎所有朋友、家人和导师的名字。我发现，在我人生中出现的几乎每一个人，他们的某些行为或者拥有的某些东西，都是我所钦佩或者想为之奋斗的。正因如此，能和他们在一起才会这么重要！

另一个好处是，你已经掌握了一份名单，你可以和名单上的人交流，同他们讨论实现目标的方法。不要忘了，你也拥有会让别人钦佩的品质和令人羡慕的生活！

姓名	你所钦佩的品质和成就

来自推特的建议

补完这句话：到大学毕业时，我希望自己知道……

@tracytilly：大学毕业的生活是快乐的。那就是网络化和快乐时光！

@LMSandelin：与我选择的职业相比，大学还是让我更多地了解了自己……说实话，我看重这样的教育。

@dmbosstone：我希望自己知道，我本该冒险或是迷失——而不是安稳下来找份工作。

@pandroff：你不会拥有想象中那么多的自由时间。别太过投入了，确保自己安排好了社交时间和属于自己的时间。

@kelseyonthego：总有更多需要了解的东西，会飞之前总会摔跤。不要着急。

@Rlibby01：还清信用卡欠款的时间是刷卡时间的 10 倍。

@ajhalestorm：决定并不是终点。

@sameve：最艰难的经历通常能教会你最多。如果看不到希望，那就试试新事物吧。

人生金句

预测未来的最好办法就是创造未来。

——阿兰·凯

做真实的自己，说出自己真实的感受。因为那些介意的人对你不重要，而对你重要的人不会介意。

——苏斯博士

你从未开始，那么你将错失百分之百的机会。

——韦恩·格雷茨基

试着学会深呼吸，吃饭的时候真正去品尝食物，睡觉时真正入睡。尽全力一心一意地生活。当你笑时，要疯狂地笑。当你生气时，真正地发怒。试着好好活着，很快你就会死了。

——威廉·萨洛扬

事情、事件和状态中不存在压力或快乐。事情就是事情，事件不过是时间，状态只是状态而已。面对它们做出什么反应，完全取决于你自己。你必须做出选择。

——克里斯·普兰蒂斯

只要你在思考，那就思考大事。

——唐纳德·特拉普

如果你把自己局限在那些看上去可能或合理的选择上，你就切断了自己与内心真实渴望的桥梁，剩下的只有妥协。

——罗伯特·弗里兹

愚蠢的人追逐远方的幸福，聪明的人在自己脚下播种幸福。

——詹姆斯·奥本海默

如果失败，你可能会失望。可如果不去尝试，那你注定彻底失败。

——贝弗利·希尔斯

大多数人取得最大的成功时，只是一步迈过了他们最大的失败。

——拿破仑·希尔

成功就是从一个失败走向另一个失败，但却不丧失激情。

——温斯顿·丘吉尔

我发现运气很容易预测。如果你想得到更多运气，得到更多机会，那就更主动些，更多地表现自己。

——布莱恩·特雷西

像明天即将死去一般活着；像已经得到永生一样学习。

——圣雄甘地

经验是你想要却没有得到时得到的东西。任何经验通常来说都是你能提供的最宝贵的东西。

——兰迪·鲍什

任何停止学习的人都是老人，无论他是 20 岁还是 80 岁。

——亨利·福特

从大众观点中独立出来，是完成任何伟大事业的第一步。

——格奥尔格·黑格尔

在人生中你不会失败，你只会创造结果。你有权利从自己创造的任何结果中学习并成长。

——维恩·戴尔

耐心地对待自己心中的任何疑虑，试着爱上问题本身。

——莱纳·玛丽亚·里尔克

让生活在你面前展开。相信我：生活总是正确的。

——莱纳·玛丽亚·里尔克

领先的秘密就是开始。开始的秘密，就是把复杂而压得人喘不过气的任务拆分成可控的小任务，然后从第一个开始解决。

——马克·吐温

修理屋顶的时间，就是阳光闪耀的时间。

——约翰·F.肯尼迪

不断地开始、失败。每次失败后，再次从头开始，你会越来越坚强，直到最终完成目标——也许这个目标不是你最初设计的，但会是你乐于铭记的。

——安妮·沙利文

扎实地迈出第一步。你没有必要看到整个楼梯，你只需要迈出第一步。

——马丁·路德·金

现在你做的任何事情，都会像波纹一样向外扩展，影响别人。你的姿势可以带来快乐，或者传递焦虑。你的呼吸可以将爱传播，或者让整个房间陷入抑郁。你的回眸可以唤醒快乐，你的言语可以激发自由。你的每个动作都能打开别人的心防和观念。

——大卫·戴达

推荐阅读

《找到自己的北极星：回归人生正道》

玛莎·贝克

《如何成为、做或者拥有某物：创造有力感的实用指南》

劳伦斯·波尔特

《幸福禅》

克里斯·普兰蒂斯

《最大化成就：能解锁你隐藏的成功力量的策略及技巧》

博恩·崔西

《最后的演讲》

兰迪·鲍什、杰弗里·扎斯洛

《影响力：改变一切的力量》

科里·帕特森、约瑟夫·格兰尼、大卫·麦克斯菲尔德、让·麦克米兰、艾尔·斯维泽勒

《退出：一本教你何时放弃（以及如何坚持）的小书》
赛斯·高汀

《战胜内心的恐惧》
苏珊·杰菲斯

《快乐的饮食：为了更快乐的生活，10 个每日实践》
玛莎·贝克

《解答毕业后的人生：权威行动指南》
Cap & Compass

《超越框住的人生：如何在常规的世界过不平凡的生活》
克里斯·古里博

《Gradspot.com 网站有关大学毕业后的生活的建议》
克里斯·肖恩伯格

《人生四分之一危机：二十几岁的年轻人讲述他们的压力、迷惘与奋斗》
克里斯蒂·海斯勒

Chapter 2
工作：你要无可取代

> 正规教育教给你立身之本；自学能给你带来财富。
>
> ——吉姆·罗恩

清醒的时候，我们大部分时间都在工作。凭借我们的脑力和创造力做出工作成绩，那会是全世界最美好的感觉。如果只局限于入门级的工作，比如填写表格或者整理办公文件，这会让人产生麻木的感觉——可这是因为你放任自流。我们做的事情被称为"工作"有其必然原因，因为这些事情并不总是那么有趣，不总是像游戏一样。从自己经历的任何场合或者遇到的任何人身上，你几乎都能学习到新东西——不妨把这些看作大学毕业后的继续教育吧。

每个人工作的原因各不相同。往小处说，工作让我们有钱支付各种账单；往大处说，工作能让我们成长，让我们有机会学习、奉献、合作，能让我们获得满足感。尽管你的工作可能会对你的个人定位与认同产生极大的影响，但是不要忘记一个非常重要的事实：你和你的工作不是一回事。你是一个有创造力的、有趣而又独立的个体，你有自己的观点主意、理想、兴趣和洞察力。

本章包括以下内容：

◇ 以专业把握职场

◇ 从入门级的工作中生存下来

◇ 打造出自己的好名声

◇ 为自己长期的职业生涯打好基础

◇ 发现自己的激情所在

◇ 明确有效的工作／生活平衡对自己意味着什么

2

我的工作座右铭：不要等待

不要等着别人逗你开心

- 不要等着由你的上司告诉你该做什么。
- 不要空等工作自动完成并带给你成就感。
- 不要空等工作 / 生活的平衡能在你需要的时候立刻出现。

一定要明确自己到底想要什么

- 在历练和错误中，找出是什么让自己开心。
- 把精力集中在自身优势上，并且继续发展这些优势。
- 尽可能多地吸取经验教训，尽可能多地体验，无论是好是坏。
- 保持有效的做法，最大限度地进行利用；以此发展出更宏大的目标。

对自己的全职工作不是 100% 满意？

- 和自己的上司聊一聊，进行沟通。
- 从事一些兼职。今天就开始。
- 不要推迟到明天再去追求自己的幸福。

总之，一定要成为自己人生的领导者

- 努力成为主导。

- 努力让自己开心，不管是在生活中还是在工作中。
- 因为除了你没有人会这样做。

Ⓙ 詹妮的忠告

要积极主动地成为团队一员，让自己变得无可替代

- 预估未来 6 个月到 1 年内自己需要掌握的技能。积极寻找学习的机会，好让自己在未来能够获得新角色，或者得到提升。
- 解决那些困扰着你的事情，忘掉那些无法解决的烦恼。
- 在别人要求之前，预估并提前开始自己该做的工作。
- 增加自身价值。每天、每次会议、每完成一项任务，都要如此。
- 言而有信。如果你说自己要做什么，那就完成它。如果完不成，那就提前通知相关的人，重新商讨计划。
- 别再说"我会试试"。要么动手去做，要么干脆别做。当别人提出要求时，明确地告诉他们你什么时候能完成任务。如果你帮不上忙，那也直接明确地告诉对方，让他们知道。如果你不确定自己能不能做到，告诉他们你需要时间考虑他们的要求。
- 要把工作和底线联系在一起。你要怎样为实现目标、为团队和公司的成功贡献自己的力量？
- 开会时带着笔和本。如果你带上了笔记本电脑，除非记录时，否则不要打开它。很多时候电脑太容易让人分心了。
- 开心点儿！早上跟别人打招呼，花点时间跟大家寒暄。你的积极态度会得到大家的欣赏。
- 做一个团队型选手。就算自己很忙，也要帮助别人，而且不要期待任何回报。

· 就算想不出解决问题的方法和思路，也不要抱怨。要把自己打造成问题解决者。

· 别去管你的级别，要努力让自己成为团队和企业的领导者。

· 不管面对怎样的任务或项目，都要尽力做到最好。专注细节、关注品质可能会花费更多的时间，但这些都是能带来长期利好的才能。

把每一天看作宝贵的学习机会

· 所有的任务或工作都是你的分内之事，尤其是新人阶段。把完成琐碎的工作当作展示自己能力的机会，不管怎么说，这些工作都是获得经验最简单的途径。

· 观察并学习办公室里的每个人。你的能力如何与他们互补？你和他们如何才能让彼此的工作更轻松？

· 谦虚为人。不要防备心太强，不要把别人有建设性的建议当作对个人的攻击。把批评当作能帮助自己变得更强大的建议——通常来说，批评都有这样的作用。

· 在开会或者谈话时，记下自己不懂的词、短语和缩写。如果你觉得开口问别人有点傻的话，你可以过后自己去查。

· 要集中精力从自己的错误中吸取教训。这一天过得很糟糕吗？想一想下一次你能在哪些地方加以改进。

· 你曾经出过许多错误。当你犯错时，承认它并吸取教训然后继续向前。

· 充分利用公司组织的培训。如果你没有学习、没有成长，你很快就会被淘汰。

· 面对自己的上司时，要坦率、真诚。征求别人的建议，问问他们如果你想在未来取得成功还需要掌握哪些技能。

- 善于观察，从别人的成功和失败中吸取经验。

保持专注，合理安排；优先做好自己的工作，不要拖延

- 立刻投入到工作中——拖延得越久，你给自己的压力就越大。每天一早都写下一天最该完成的三件事，先解决这些。
- 工作时间尽量少使用聊天工具。如果聊天内容与工作无关，它会严重分散你的注意力，打断你的工作连贯性。
- 如果觉得累了或者压力过大，下午出去散散步。新鲜空气和运动能让你清醒过来，也会让你在一天剩下的时间里工作得更有效率。
- 如果你被一项任务或者一个工程搞得身心俱疲，那就把工作拆分成一个个小任务，直到你弄清自己下一步该做什么为止。
- 任何时候都要做好把工作移交给别人的准备。让自己的工作保持井然有序，这样当别人接手你剩下的工作时，就能轻松地上手。

驯服邮件"巨怪"：让自己的电子邮件简短、轻松，和工作相关

- 假装有其他人会翻阅你的企业邮箱，用另外一个账号发送私人邮件。
- 不要成为那个用令人尴尬或粗鲁的评论回复了所有人的"那家伙（或那姑娘）"。点击发送前，认真检查收件人。
- 保证邮件内容简短，直抓要点。明确你的要求和最后期限。在邮件中使用描述性的标题，重点画出所有具体的工作内容。
- 考虑把自己的收件箱当作任务清单。在答复或者接受工作任务时，发一封邮件注明自己已经完成的内容。
- 正如很多效率大师推荐的那样，如果你能在两分钟内回复完一封邮件，马上回完。不要积少成多。
- 在被电子邮件淹没前，安排好自己一天的计划。机械地开始工作前，先完成最重要的工作。

观念创造现实，认真考虑你的职场形象

- 无论你喜不喜欢，你都会在职场上树立起自己的形象。记住，无论你做什么、穿什么、说什么，都会被人评判。诚实做事，给你的同事留下一个好印象。
- 在着装上多花些钱。如果能让自己感觉自信、自在的话，几件贵重的衣服也比很多件便宜的衣服好。
- 就像谚语说的那样，"为自己想要的工作打扮，不要为现有的工作穿衣"。
- 除非几个例外，同事不是你的朋友。在公司派对上坚持喝最少量的酒，和同事保持职业性的关系。如果你要发泄，至少在工作场所外跟自己的朋友发泄。直接找到源头，把事情解释清楚，那就更好了。
- 开会时要发言，不过要尽量在需要的时候用例子和事实支持自己的观点。

人际关系很重要：了解他人，对他们说谢谢，尊重他人

- 不要小看非正式场合的对话和感情联络。你永远不知道自己何时会跟在工作中有过一面之缘的人合作，不知道什么时候自己需要他或她帮忙。
- 对于那些你打算合作的人，在私人文件或日记中记录下你对他们的观察。他们在哪方面做得好？你会采取哪些不同的做法？是什么让他们获得成功？他们拥有哪些你需要培养的才能？
- 用眼神进行交流。这能展示你的自信，并得到他人信任。
- 无论人们表现得多么和蔼、温柔，最终，生意还是生意。他们不欠你什么，除非你每天都能提供价值，否则他们没有义务留下你。
- 要直接、坦诚地面对同事。如果你有不满，跟他们说出自己的不满就是了。不要让厌恶和沮丧持续发酵——这会让情况变得更加糟糕。
- 当别人帮助了你，或者做出了让你印象深刻的事，记得要有所反应。把"谢谢"常挂嘴边。记住，当你的工作得到认可时，那是一种多棒

的感觉。赞扬总是免费的！

· 记住，你的老板和上司也是人，尊重并善待他们。出现问题时，首先选择信任他或她。

· 要准时。这表示你尊重别人的时间。

保持风度（还要合法！）

· 对于涉及种族歧视的笑话、有性别歧视的评论，或者其他不道德的行为，如果你不确定是否涉及以上内容，那就不要说。轻者，你会受到斥责，名誉受损；重者，你会被解雇，甚至会被起诉。

· 如果有人私下跟你说了一些话，不要泄露这些内容。没有什么比办公室八卦传播得更快了。

· 尊重每一个人。要知道自己的看法只是一个角度，是事实的一个版本。一般来说，你的看法并不能反映事情的全貌。

· 和同事调情或约会的风险可能非常高，当你两人在同一栋楼里或者一片区域中上班时尤其如此。尽管很多人是在工作中找到了自己的终身伴侣，不过当另一个人跟你属于一个团队，或者跟你同在一个小公司时，跨过感情红线时要尤其小心。

· 订购私人名片，这样你就能在和工作无关的会议和活动上散发，以此和别人保持私人联系。（我在 Moo.com 上定制了名片。）

要找工作吗？以下是几个写简历的小提示

· 描述你在上一份工作中完成的任务时，着重强调你的影响力：你完成的工作产生了什么结果？只要有可能，就要用上数据衡量。

· 除了写明每份工作大致的工作内容外，再写出自己参与的一两个具体工作，包括你的特别贡献，以及你的工作对公司产生的影响。

- 在简历开头附上"资格证明摘要"，这能让招聘人员大致对你了解。你最大的优势和独特的才能是什么？你过去取得的那些经验如何应用于新工作中，最初培养了哪些引人注目且实用的技能？你怎么才能助益团队和公司？

- 不要为了把简历缩减到一页而牺牲简历质量（设计、内容）。尽管如此，简历仍然要保持简洁、易读。选择自己最突出、最有意义的经历。

- 在简历中加上一个有趣的部分，这能让招聘人员和面试官了解你的个性，还能提供有趣的谈资，让他们能够进一步了解你。大多数雇主不愿意找只会混日子的人，他们寻找的是全面、有工作能力，同时相处起来又很有趣的人。

- 在网上做一些评估测试（比如"迈尔斯－布里格斯"或"优势查找2.0"），以此更多地了解自己独特的优势和性格类型。

- 这些测试同样能帮助你确定未来可能的职业道路，也能让你在面对未来的雇主时更好地描述自己的优势。收集你的测试结果，把它们储存在"专业文件夹"里，当你准备简历或准备面试时，就能派上用场。

记住，你和你的工作不是一回事

- 工作和生活间不存在完美的、彻底的平衡。你的工作占据了80%的人生，充分用好并享受这些时间。除此之外，保证自己在工作之余创造丰富、充实的生活。

- 你要知道，人生总是有起有伏。从糟糕的经历中学习教训，清醒地对待这样的经历——两周或者两个月后，这些糟糕的日子对你来说还会重要吗？

深度探索：从新角度看待工作 / 生活平衡

我对"工作 / 生活平衡"这种说法很有意见。如果工作占据了我们生活那么大的部分，平衡工作和生活意味着什么？我们是不是要在家门口检查一下自己的人生，只在上班前和下班后开始自己的生活？

鉴于我们把太多的时间花在了工作上，更重要的问题应该是：我们能否把工作和生活结合在一起，在两个领域做到无缝衔接，同时保持相同的活力和能量？

我们可以从不强制平衡开始，更关注自己的活力或压力状态的高低起伏，以一种浮动的状态进行调整、再调整。以下要点，是我和我的好友——同样是人生规划师的詹妮·费里在一个研讨会中总结的。

关于工作 / 生活平衡的谎言

- 当我们离开办公室的那一刻，"生活"就开始了。
- 两者间有模糊的边界，但两者是彻底平衡的。
- 一旦你搞明白了，生活就会保持平衡（在现实生活中，你永远也达不到彻底的平衡）。
- 在任何时候，我们都能彻底掌控自己的生活。
- 不平衡永远都是坏事（有时候你需要保持不平衡，这样你就能真正争取自己想要的东西）。
- 你会完成自己所有的待办事项清单，然后就没事做了。你会有事情要做，不要让清单控制你的生活。

关于"工作 / 生活平衡"的新观点

· 一切都是变动的。当状态变得不平衡时，别泄气，注意到这种不平衡，做出调整就是了。

· 淡定面对当下情况，尽量不要让自己因为某些事情没有完成而带有负罪感。

· 承认工作占据了我们生活中的巨大部分，工作不是我们要逃离的事情。工作能带来自信、成就感，能让我们和别人进行社会化的交流。

· 尽量"关注当下"。问自己："现在我需要什么？"

· 忘掉诸如"我昨天就该拥有一切（好工作、好房子、甜美的感情生活、巨额银行存款等等）"的想法。

· 要知道，我们在脑海里编造了太多"应该"做的事情。对于大部分人来说，没有人挥着鞭子跟在我们身后告诉我们该做什么，说"快把所有待办事项都搞定！"我们给了自己很多压力，有时候我们制造的压力超过了必要的范围。稍微放松一下，放下一些控制欲。

· 站得高一点，看得远一点，重新把注意力集中在人生更重大的计划上。你现在所担心的事情，5 个月后或者 5 年后，还重要吗？

· 尽量在每一天创造平衡。运动、打电话跟朋友聊天、工作，做一些放松的事。

管理工作 / 生活平衡的小窍门

· 彻底放空！不要玩推特、脸书、博客，不要读电子邮件。生活的重心很容易转移到电脑和手机引发的混乱上面。平衡也许意味着远离自己的电子设备，出门享受一些乐趣。

· 运动是一种效果极佳的放松方式，同时还能改变你的心态。

· 要注意休息，安排和朋友在一起娱乐的时间。

- 尝试写写日记。这能帮助你进一步明确自己想在哪方面得到满足和提升，以及还想在哪方面获得更多进步。
- 面对那些会让自己不开心的事情时，抛弃"我明天会开始做啦"这种心态。今天就开始！
- 要有自知之明。当你不高兴时，想办法弄明白为什么会不高兴，找出解决办法。做一个自己思想和行为的观察者。
- 压力过大时，在待办事项里找三件最重要的事，先集中精力解决这些问题。
- 每天或者每周选出固定的时间，放慢自己的节奏，回想一天或一周的生活。
- 把每天完成的事项列成清单，不要把精力集中在自己没有做完的事情上。

⊗ 练习：目标定在每日平衡

　　在一个更小的时间和空间范围内寻求平衡，比如一天之内的平衡，会更加容易。比如，明天我该做什么才能符合我的价值观？我可以去体育馆训练，可以打电话跟朋友聊天，可以优先工作，还能留出 10 分钟思考一下什么是我真正热爱的东西。通过把目标定在寻得每天的平衡，我没有给自己太多压力，就能朝着人生平衡的方向发展。

对你来说，"每日平衡"意味着什么？

_____

_____

_____

为了改善生活的平衡状态，你愿意采取哪三项特别的行动？

1. _____

2. _____

3. _____

深度探索：无须任何时候都全身心地投入到自己的激情所在

不要想错了。我的目标当然是帮助你找出什么能让自己开心，找到掌控自己职业生涯的方法，帮助你做出改变，这样你就不会苦命地干自己不喜欢、不热爱，或者根本没激情去做的工作了。

考虑我之前对"该去追逐自己所爱事业"的立场，上述这些话可能看起来有些虚伪。但我必须要承认，全身心地追求自己的激情所在，其实有时间和地点的限制，而且每个人各不相同。

谈到个人成长时，我们会经常谈到要听从自己的激情、追随自己的梦想。无论何时只要你做好准备要追逐梦想，都很了不起！如果觉得自己还没准备好，千万不要伤心。不要让恐惧阻碍你前进，不过要学会将恐惧的感觉分离出来，从自己现下的状态中获取动力。

当然，我绝不是说要彻底放弃自己的激情。每周抽出一点时间，培养能力，真正开始自己所爱的事业。如果你喜欢的是志愿服务，那就去做吧！如果喜欢写作，那就动笔吧！如果你现在的工作就是自己的爱好，那就更棒了！这不是零和游戏，你没必要为了丰富人生，就把所有时间都投入到自己的爱好中去。

拥有全职工作时，你能采取哪些步骤发掘并且追逐自己的激情？

深度探索：
我爱办公室小隔间的 10 个原因

　　虽说有时候我会幻想自己环游世界，过着四处打工漂泊的生活，不过我还是得告诉你一个小秘密：我同样热爱自己在办公室小隔间的生活。如果你也有同感，千万别觉得糟糕。即便这算不上爱，你还是能在每周 40 小时的工作时间里找到不少乐趣的。

　　之所以分享这份清单，是因为我想鼓励那些觉得自己已经稳定下来，或者认为自己陷入了"只为老板工作"的恶性竞争而痛苦不堪的人们。尽管这么说，如果你现在的工作不适合自己，那你坐在哪里都不重要了。如果想寻求对职业生涯下一步该如何规划之类的建议，那就去完成本章最后的练习。

　　1. 我喜欢在一个开放、合作的环境中工作。开会时，聚餐时，甚至在走廊相遇时，我从同事身上学到了太多东西。

　　2. 有一个愿意分享你的故事、听你发泄或者跟你一起大笑的同事真的是太棒了。我喜欢坐在自己的转椅上四处游荡，戳一下同事的肩膀，寻求他们的建议、对工作的独到见解，或者稍微聊天放松一下。这是我保持理智的方法。在我看来，跟同事面对面的交流是无价的。

2
Chapter

3. **我热爱有条理的工作和生活。** 朝九晚六的工作时间最适合我。早上起床后，我先去体育馆健身，工作一整天后再去做瑜伽，然后吃晚饭，最后回家。有一套常规的时间表让我对自己的生活很满意，我一点也不觉得自己成了工作的囚徒。

4. **我喜欢和新朋友见面。** 因为我是单身，所以工作时不再独自一人让我很开心。能为一家公司工作，尤其是为大公司工作，这是认识新朋友的好方法。尤其对于我这种想结交新朋友、扩展社交圈的人来说，那就再好不过了。

5. **用不完的文具！** 我还要告诉你一个小秘密：小时候我就喜欢文具，糖果的吸引力都不如文具。在办公室里的一个好处就是能得到免费文具！无论何时，只要需要，就能得到新文具！生活太美好了。

6. **无聊但却重要：福利，福利，福利。** 我真是太庆幸不用自己搞定医疗保险、养老金账户和弹性支出账户这些东西了。我在网上填了一个调查表，然后"唰"的一下，一切就搞定了。

7. **听好了：我喜欢"上头有人"管着我！** 没错，你没看错。我也喜欢做领袖，但我从比自己经验丰富的人身上学到了太多东西。我喜欢有人来问我工作上的问题，喜欢有人给我提出反馈意见、让我对工作负责，这样的人会指出我的优势和需要继续改善的领域。我从水平不高的经理身上学到了和优秀经理人同样多的东西；这两种人帮我成为一个更好的工作中的领袖，也让我成了一个更好的经理。

8. **在公司里工作，就像看着商业学校实习案例在眼前展开一样。** 我喜欢观察公司的运营模式——就像谷歌这样，从创业起步到现在成为一家大型公司，公司内部的系统是怎么安排的？哪些系统安排是有效的？哪些是没用的？领导如何激励自己的员工？哪些行为会让员工泄气？我喜欢观察并学习商业交往和领导学，而且在这个过程中，我用不着花上 15 万美元上什么 MBA 课程。

9. 当打印机出现"负荷过重"的标志时，我不用自己动手修理（当然也不会像电影里的人一样拿着棒球棒猛砸）。其实我是修理打印机的高手。打开每扇门、扭开每个把手，直到能把破机器修好，这能给我带来一种奇怪的满足感。不过不用自费购买维护昂贵的办公用品，我还是挺庆幸的。

10. 当我获得独立的生活空间时，我会更加热爱这样的生活方式。享受在小隔间的工作方式，离开自己喜欢的生活方式，这让我独立生活时，会更加享受、更加感恩。无论好坏，我知道自己经历过什么。当我独处时，我就知道怎么去重塑那些美好的事物。

最后一点提示：无论是否坐在小隔间里，希望所有人都能在每一天的生活里找到属于自己的自由。

深度探索：关于晋升的 10 个忠告

1. 不要把晋升只当作目的。这就像减肥一样：你要么只关注秤上的数字，要么关注自己的整体健康。保持健康其实有更多的好处。与此类似，不要只关注自己的晋升。更多地去关注自己的能力、期望以及行为，这些才能带来晋升机会；从长远来看，你的能力会变得更强，而且很有可能最快实现晋升。

2. 就像雅虎首席执行官卡罗尔·巴茨建议的那样：把自己的职业生涯打造成金字塔，而不是梯子。不要担心水平移动。寻找那些像蒂姆·冈恩说的能刺激灵魂的工作，并且一路做出调整。对大多数人来说，找到一份最适合自己的工作比仅仅关注晋升要有益得多。有时候你需要做出横向变动，只要这能让你更快乐，让你的工作产出更多，那么从长远来看，这些变动就是值得的。

3. 要会说话。试着问自己的上司如下问题：在我的工作岗位上，什么是成功？3到6个月内，你希望看到我做什么？如果我想更进一步，我还应该做些什么？

4. 做一个细心观察的人。注意观察那些近期升职的人，还有那些级别比自己高的人。他们拥有什么技能、经验和态度？

5. 摈弃自我良好的感觉。你大概觉得自己应该得到晋升（很可能你是对的），不过你也得明白，大多数时候，人们觉得自己应该得到晋升时，他们的上司却不这么认为。要学会妥协，用坦陈、直接的交流渡过这段僵局。记住，晋升与否通常会参考你工作表现以外的很多因素，比如经济环境和公司其他员工对你的评价。

6. 建立关系网是关键。能决定你是否晋升的不只是你的直属上司，还有很多人参与到决策过程中。试着和其他领导一起参与公司的其他工作，以此积累经验。

7. 想升职？先争取更多任务吧。在很多公司里，晋升到下一级前，你其实已经干过很多相应的工作了。记住这个原则，不断要求领导给自己更多的责任吧，多为自己争取一些额外的工作。

8. 展示自我。展示出主动、积极的工作态度，再加上努力做一个灵活的团队合作者，让自己成为团队中不可或缺的那个人。在上司要求之前想出办法并且解决问题。尽量让自己成为领导的左右手。

9. 关注影响力，不要只看工作成果。承担更多责任的同时，专注于提供能产生影响力的高质量工作成果。要证明自己正在做的工作能在实质上对公司产生助益（举个例子：增加销量，让行政流程更有效率，让工作项目更有效）。

10. 不要为了升职丧失理智。根本不值得好吗！如果没能立刻得到晋升，你会越来越生气，但大部分原因是你付出得太多了。保持平衡，就算要向上爬，也记得要过得开心一些。

毕业生的建议

　　不要"贱卖"自己。应聘时，要充满自信。有趣的是，我们在学校里能学到纪律，但学校却教不了我们工作时该做什么。每一份工作都是不同的，90%的经验是在工作中学到的。记住，你的老板不指望你在第一天就什么都会，他们会教会你该知道的东西。

　　　　　　　　　　　　　　　——瓦妮莎·M，南加州大学

　　压力不要太大了。完成学业后，你会感到些迷失。你也许要在工作上承担责任，可你很可能还不知道该怎么去完成那些工作。我的窍门是，保持开放的心态，不要害怕寻求帮助。提出问题，保持谦逊，求知若饥，开放心态。一切都会理顺的。

　　　　　　　　　　——博阿兹·N，科罗拉多大学波尔得分校

　　做自己喜欢的事。我在大学时爱上了行船导游，每到暑假我都会干这份工作。当你真的痛恨自己的工作时，不要害怕辞职。如果没有经济负担（比如贷款、信用卡账单什么的），你总有尝试新事物、追求激情的余地。干兼职当然OK啦。如果你的一份兼职是以未来职业为导向，另一份是酒保或者冲浪教练这样有趣的工作，你的简历就会变得越来越丰富好看，可你也没必要每周 50 个小时待在办公室里。

——泰莎·S，UCLA

做好职业生涯初期会跌跟头的心理准备，但要记住，工作不等于一切。不要为了争先一天累死累活地干 16 个小时。有些上司会认为这是时间管理无能的表现，而且就算你完成了所有工作，还会有更多的工作交到你的手上。尽量避免把工作带回家。一旦你开始在晚上和周末查收工作邮件，这种习惯就很难改变了。

——文森特·奇奥罗，加州大学伯克利分校

深度探索：做义工的好处

本部分由 SmallHandsBigIdeas.com 的格雷西·博伊勒撰写

义工工作常被轻视。然而，我们其实能找到很多做义工的理由。当我做义工时，我不必担心自己的工作、压力和社交生活。做义工让我专注于无私，让我把精力投入到创造一个更好的社区乃至最终创造一个更美好的世界中去。

做义工的 4 个关键原因

1. 寻找有偿工作机会。上大学时，有一年夏天我在一家非营利机构做义工。很快我就发现，自己在不断学习，扩展交际圈，而且很享受这样的生活。做完三个月的义工，又多干了一段时间后，我在毕业后得到了一份带薪全职的管理职位。义务工作能带来全职工作，而且能引导你进入社会职场。

2. **社交网络：打造并且理解自己的社区。**搬到一座新城市后，我慢慢地交到了一些朋友，但我觉得自己并没有把握这座城市的"脉搏"。做义工后，我周围都是聪明、思想前卫而又有权势的人。这能为我在自己的城市里带来源源不断的资源和关系网，我随时都能找到依靠。

3. **同时改善自己和他人的生活质量。**做义工不仅有益于你服务的那些人。内政部的公民调查显示，25 到 34 岁的人中，有 63% 的人认为做义工能帮助他们减轻压力。

4. **带来改变。**我一直说，细节最重要。即便一周只付出两小时，也很重要。一个人就能带来改变。要做那个带来改变的人。

想查找自己所在区域的义工机会，查看 VolunteerMatch.org, CharityGuide. org, 以及 Serve.gov。

深度探索：如果不学习，你就会被淘汰

任何停止学习的人都是老人，无论他是 20 岁还是 80 岁。

——亨利·福特

我们都知道一句老话："天天都能学到新东西。"好吧，这还不够。让我来重新表述一下——仅仅走在前头是不够的。如果每天你都学到了一些新东西，这意味着你只是追上了其他人而已。特别是对于很多人来说，学习其实是一个被动发生的过程。有些人在聊天时随意说了个难题，你听到了一个不熟悉的词，回头上网搜索了一下，这相当于防守。如果不更主

动一些，不为自己的个人学习制订长期计划，你就不会取得进步。

想让自己的工作安稳无忧吗？学习新技能吧！在与自己工作有关的领域中成为专家吧！制订计划、培养全面的技能，比如领导力、创造性思维和项目管理能力，这能让你在任何公司都如鱼得水。每周专门抽出时间，像锻炼肌肉一样锻炼自己的大脑。

在生活和工作中最成功的人，是那些一有机会就主动学习的人，无论是通过书本、博客、播客、新闻报章、杂志、演讲、导师，还是人生经历。

世界和科技每天都在变得越来越复杂，公司必须要持久进步、不断创新，才能在竞争中走在前面，才能持续保持盈利。同样的道理也适用于你，如果不学习，你就会被淘汰。

能帮你制订学习计划的问题

就像别人说"为自己想要的工作打扮，不要为现有的工作穿衣"，你真正想要的是什么工作？想得到那份工作，你需要什么技能和知识？

学习的内容不一定非要和工作有关。什么东西能真正让你兴奋？比如艺术、历史、创意、政治？

本周你学到了什么？安排时间经常性地回忆自己学到的东西。（如果你把自己学到的东西写下来，用固定的时间反思，比如一周15到30分钟，这种做法就会更有效果。）

深度探索：非正式面试的力量

提到"面谈"这个说法时，大多数人都会打个冷战，稍稍反胃一下。甚至非正式面谈这种没有未来压力的谈话也会有这种效果。非正式面谈更像是聊天，你可以轻松地从中学习，和对方建立联系，也能让你在做决定及设定目标上学到经验。

除了实质的好处，非正式面谈还是强化你的人际关系（无论之前是否认识），同时了解其他人趣事的有效途径。和你面谈的人乐于分享他们的智慧，你会在这个过程中学到新知识。

通过安排午餐聚会、煲电话粥、一起喝咖啡或者其他对你有效的方法体验非正式面谈。无论做什么，至少想出 3 个你想见的人。

新工作或工作职责

迅速熟悉新工作的最佳方法之一，就是和做过这些工作的人聊天，询问他们的建议。比如，他们在这份工作中学到了什么，或者当他们开始起步时，他们希望自己懂得什么。

未来可能见的人：

_____

_____

_____

重要目标

确定重要目标后，比如说学会第二门外语，或者在工作中当上经理，和那些在你之前做到过这些的人交流。这种类型的非正式面试有两方面的好处：一个是支持你的关系网不断扩大；一个是当你和越多的人分享自己的目标时，你就会有越多的责任。

　　未来可能要见的人：

未来职业选择

　　同那些选择了跟自己完全不同的职业道路，或者跟自己现在所在公司完全不同的人交流。当你通过朋友结识新朋友，或者在开会、喝咖啡时认识新人，跟他们聊工作。如果他们说的一些东西引起了你的兴趣，抽出时间更多地了解对方具体做的是什么，以及他们是如何做到的。

　　未来可能要见的人：

你钦佩的人

　　上一章最后，你列出了一份自己钦佩之人的名单。多和这些人在一起，表达你的崇拜之情。请他们做你的导师。这会是你最重要的人际关系，因为他们能让你想起自己的梦想，让你想起曾经立志实现梦想。要记住，你是一个独特而美好的人。

　　未来可能要见的人：

帮忙做决定

尽管你的朋友和家人都是好人，不过有些时候，他们了解的信息不够，不能帮你做出重大决定，比如要不要读研究生。和其他拥有多种经验的人沟通，从他们那里收集信息，比如找那些读或者没读研究生的人。你在这里并没有寻求别人的建议。你只是在问那些人当初做了什么决定、为此付出了什么代价，以及他们是否满意自己的选择。

未来可能要见的人：

_____

_____

_____

最后，别忘了送感谢卡给人家！

尽管电子邮件很方便，但手写卡片才是更有礼貌的感谢方式，而且能给对方留下更深刻的印象。

练习：兔子洞里到底有什么——一个富有创意的职业探索

有时候我们过度陷入现实中，比如支付账单、获得并且保持一份稳定的收入、丰富自己的阅历，通常我们会忘记，到底是什么能让自己兴奋起来。无论你是想寻找属于自己的事业，还是想满足现在的工作无法满足的需求，以下练习都能帮助你发掘自己被掩埋的兴趣爱好和过去从未涉足的领域。

童年时的梦想

当你还是孩子时，长大后想做什么？那时你的榜样是谁？你假装自己干的是什么工作？

....

....

....

罪恶快感

有哪个能带来"罪恶快感"的工作或职业，是你希望自己能去尝试，但是不好意思告诉别人，因为这样"不太现实"，或者跟你现在的工作太不一样？（比如，我的"罪恶快感"就是去 NFL 联盟做一个啦啦队员。）列出和你现在的工作或者职业道路完全不同的新工作。这些工作到底哪里那么吸引你？

....

....

....

无限的资源

经典问题：如果有无限的时间和金钱，你会做什么？如果你买的乐透彩票中了大奖，你这辈子再也不用上班，你会做什么？你会住在哪里？你准备如何安排自己的时间？多点儿出格的想法！

....

....

....

打住，回去读自己写下的答案

不同的工作和你的答案之间有什么共同点？有哪些主题不断出现？你的答案如何构成一幅完整（或者矛盾）的图景？你形成新的有实质性意义的想法了吗？

_____

_____

_____

深度探索：压力总会有，你打算怎么办

我研究过不少组织、沟通、策划和时间管理的方法，你知道吗，就算我研究得再多，该有压力的时候还是会有压力。我的目标不是永远消除压力（谁都知道这必须是无用功啊），而是在出现压力时承认压力的存在，并且做出相应的反应。在我看来，你要么像患上传染性流感一样把周围人都拖下水，要么承认自己被压得喘不过气，进而培养出一套应对措施。

减轻压力的方法不少。以下这些小事，你可以试试，它们能带来巨大的改变。

1. 承认压力存在。如何回应压力，你不是没有选择。

2. 停下来，往长远想想。两周或者两个月后，这些事还重要吗？

3. 深呼吸。闭上眼睛，连续至少深呼吸三次。让自己慢下来，真正体验到每次呼吸时气体从身体里进来再出去的感觉。

4. 走一走。呼吸一些新鲜空气，自己或者找个朋友一起走上 5 分钟，如果有可能的话，像前面说的那样深呼吸。

2
Chapter

5. **动笔**。花5分钟，把给自己带来压力的事情整理出一份清单。其实，不立刻解决这些问题也没什么大不了的。

6. **原谅**。要原谅自己，不要因为有压力而感觉糟糕或者沮丧，因为这会让你的压力加倍。要称赞自己做完了那么多积极的事情，别忘了，往长远考虑，生活里的问题总会自然而然解决。

压力无处不在，我们中的绝大多数人都会面对压力。你是否感受到了压力并不重要，重要的是面对压力你该做些什么。

消除压力的技巧

面对压力时，你一般会怎么做？

_____

_____

_____

你打算如何应对压力？

_____

_____

_____

有哪些适合你的消除压力的技巧？

1. _____

2. _____

3. _____

4. _____

5. _____

6. _____

7. _____

8. _____

9. _____

 练习：工作面试
一张纸搞定个人简历

　　我用过去准备期末考试的方法准备工作面试：我创造了一个清单，它被我自豪地称为"悬崖笔记"，上面都是提示性的小问题，还有为未来可能遇到的问题而准备的答案。你可以带着这份笔记去参加面试（当然，放进手机里更方便些），不过一般来说，准备好一张纸，就能帮你在大脑里锁定谈话要点。

5 个关键点

　　我希望面试官记住我的 3 到 5 件事（我最主要的优势）：

1. _____

2. _____

3. _____

4. _____

5. _____

这就是我厉害的地方

　　能证明我是个强者，并且特别适合这个职位的故事 / 例子：

1. _____

2. _____

3.——

4.——

5.——

需要继续进步的地方

针对让人胆寒的"跟我说说你的缺点"这类问题的答案：

1.——

2.——

3.——

4.——

5.——

绝妙的想法

根据我对公司的了解，对公司未来发展方向的具体建议：

1.——

2.——

3.——

4.——

5.——

我的整体工作 / 团队哲学

总体上我是如何面对挑战和机遇的（以及几个能让我兴奋起来的小
笔记）：

1.——

2.——

3. _____

4. _____

5. _____

我的疑问

关于职位、面试、公司、未来成长机会等等的疑问：

1. _____

2. _____

3. _____

4. _____

5. _____

我的短期和长期目标

这个职位如何很好地融入我的职业规划？为什么我想要这个工作？什么特质让我最适合这份工作？

1. _____

2. _____

3. _____

4. _____

5. _____

明确的挑战

哪些挑战是我明确要面对的？我准备怎么应对这些挑战？

1. _____

2. _____

3. _____

4. _____

5. _____

⊗ 练习：制定职业发展策略

我对职业发展规划有着很强烈的感觉，这是我作为人生指导和发展项目经理最接近我本心的工作内容。我的角色就是要帮助其他人成长，让他们成为自己人生和事业的主人。我得保证自己也要做好，这样才能为别人树立好榜样。

怎样才能制定一个职业发展策略？就像公司和团队设定季度增长目标和商业发展目标一样，这个练习能帮助你在总体上把握自己的现状以及 6 个月或 1 年后的目标。

以下几方面的练习会让你明确而专注，能帮助你更主动地设定自己的职业方向，而不是等待你的上司或公司替你做决定。在设定目标前，你可能还想参考本章之前的练习，这也能帮你把先前的所有答案统合起来。

第一部分：现状和未来

知识

知识完全在你的掌控之下。深入学习某个专题需要时间，不过总体来说，这是一个非常直接的过程。博客、书籍、播客、视频、访谈、课程——你能接触到的资源很多，并且大部分都是免费的。专心学习，像海绵那样，这能让你鹤立鸡群，在任何团队里都成为宝贵的人才。

关键问题：需要哪些才能才会成为专业领域中的专家，或者成为专业领域某个特别主题的专家？哪两三个集中关键点对你最有用处？从现在开始一年内，你想拥有什么知识和专业技能？

技能

技能的定义是"可习得的能够完成预定结果的能力，通常只会耗费最少的时间或精力，有时候两者的耗费都是最少"。如果"说人话"，技能就是你擅长做的事，就是你多花了时间去做了，并最终转换成和工作有关的成功的事。

宏观技能的例子很多，比如时间管理、工程管理，以及优先化处理的能力。你也许还拥有其他与工作和职业领域有关的特别技能，比如市场营销、销售或者网页开发。可能对你来说有些技能更容易掌握，但你还是可以通过重复、多用心、自我意识和别人的反馈意见从总体上来提高自己的技能。

现状：你已经拥有什么技能？

未来（从现在开始1年内）：想从普通人（或者水平较高的人）真正成为牛人，你需要哪些新技能？

才能和优势

才能，或者说天赋，是那些对你来说上手极快的技能。它可以减轻你的负担，带给你活力，当你充分发挥自身才能时，会觉得自己无可匹敌。也许你在组织信息方面很有天赋，其他人也许会会唱歌，而我擅长激励别人，将复杂问题简单化，这些都是个人才能。了解自己的才能和天然的优势，能让你在事业上获得无限成功，还能让你更快乐、更投入地工作。

有一些职业评估能帮助你了解自己的才能：迈尔斯·布里格斯测试、寻找优势2.0、VIA 特征优势调查，还有真色的色彩，这是我最喜欢的几个。

现状：哪些技能和工作对你来说最容易？什么时候你觉得自己"状态正佳"？

------------------------------------ ------------------------------------

------------------------------------ ------------------------------------

------------------------------------ ------------------------------------

未来：今天你对哪些才能的使用效率不高？你如何才能在工作中更好地运用自己的才能？

经验

经验是指真正尝试过的，完全和工作联系在一起的学习过程。不幸的是，经验是无法大批量制造的。特别是对于年轻的雇员来说，如果没能得到自己梦寐以求的工作或者职位，"缺乏经验"绝对是让人恼火的理由。

尽管没有丰富的工作经验，但你还是可以搞清楚，有哪些经验是你在未来取得成功所必需的。

现状：到目前为止，你简历上最大的亮点是什么？

未来：和工作有关的哪些经验是你所缺乏的？你该怎样获得这些的经验？你能从哪些经验的哪部分学到东西？

第二部分：设定两个重要的职业发展目标

既然我们已经搞清"什么"这个客体，我们就该好好想想如何解决问题了。现在，你要写下可行的目标，制订出如何完成这些目标的计划。我建议采取以下 5 步：

1. 选择发展的两个关键领域。 一定要保证这是两个范围广大而且令人有十足进取心的领域，千万别鼠目寸光，别让自己过得太轻松！发散思维，大胆想象，瞄准最亮的那颗星！如果目标定得高了没能成功呢？你仍然是个成功人士！这比从一开始就谨小慎微要好得多，另外，你还能从自己没有到达的里程碑收获大量经验。

2. 为每个领域写出一个迷你的 1 年期状态描述。 要像真正取得了成功或者取得了显著进展那样去写。比如说，"时间管理：我的效率超高。每天早上回复电子邮件前，我都会专注于完成最重要的任务。无论是一天还是一周，我都会优先处理工作。出于重要性考虑，我保证把 80% 的时间用在工作中 20% 最重要的那部分上"。

3. 为自己设定评价标准。 如果设定的发展区域持续超过了 1 年时间，从现在开始的 6 个月后，你希望达到什么状态？想出一个能帮助你达到标准的资源以及行动的清单，这份清单可以包括以下内容：

- 各类资源（博客、图书、视频、播客）
- 培训 / 教育（上课——网络教育或者面对面的正式授课）
- 有可以交流的人（导师，或者在这个领域中的成功人士）
- 其他（日记，每周安排时间反思，等等）

　　4. 设计出一套体系追踪自己的进展。

　　5. 让其他人也参与进来。定期询问他们的反馈意见。如果有可能，和其他想在同一领域发展中取得进展的人成为伙伴。

需要发展的区域 1

　　目标： 你的发展目标是什么？成功是什么样的？成功后你会做什么？你如何判断自己已经取得了成功？

　　好处： 这个目标能带来什么好处？遇到挑战时，什么能让你持续拥有动力？

　　步骤： 你要采取哪些步骤？想出 4 个能帮助自己实现目标的关键节点，当然每个都要设定最后期限。

资源：哪些课程、书籍、博客或者人脉之类的资源，能够帮助你在这个领域发展？

需要发展的区域 2

目标：你的发展目标是什么？成功是什么样的？成功后你会做什么？你如何判断自己已经取得了成功？

好处：这个目标能带来什么好处？遇到挑战时，什么能让你持续拥有动力？

步骤：你要采取哪些步骤？想出 4 个能帮助自己实现目标的关键节点，

当然每个都要有最后期限。

　　资源：哪些课程、书籍、博客或者人脉之类的资源，能够帮助你在这个领域发展？

 来自推特的建议

其他人给过你的最好的职业建议是什么？

　　@opheliaswebb：为自己梦想的职位奋斗，而不仅仅为现有的职位工作。

　　@akhilak：要超越自己正在做的工作……要积极主动，说出自己的想法，让工作完成得更好，完成得更快。

　　@bitty_boop：别害怕说出自己的想法。如果你什么都不说，其他人又怎么能知道你在想什么呢？

　　@LMSandelin：不要给自己"什么都必须知道"的压力……事实上，没人能做到这一点。

@firstgenprofess：带着寻找、结识、同专业人士一起成长的动力投入到让自己心动的工作中，扩大自己的社交网络。

@seansthompson：我没有寻求别人的建议，相反，我去观察同事，模仿他们中最强的人。从观察中，你能学到特别多的东西。

@KunbreCoach：加入本地的宴会主持人或公开演讲团体，这样能增加自信，获得更多人的信任，还能争取更多的机会。

@IrishHeart416：第一印象太重要了，包括衣着、谈吐和态度。只要一秒钟你就能给人留下固定印象，改变它，则需要几个月。

@amfunderburk1：在求职前，先清理社交账户上的内容。你的雇主能看，并且会看上面的东西。

@dmbosstone：如果没有立刻找到工作，千万别担心。重要的不是找到一份完美的工作，而是找到适合你的工作。

@davidstehle：别太心高气傲不接受初级职位。现在重要的是迈入职场。

99 人生金句

成功非永恒，失败不致命。

——迈克·迪特卡

无论你觉得自己能还是不能，你都是对的。

——亨利·福特

只要愿意以初学者的心态开始，你在人生中的任何阶段都能学习新东西。如果你乐意成为初学者，整个世界都会向你敞开大门。

————芭芭拉·谢尔

少承诺，多行动。

————汤姆·彼得斯

永远也不要错把行动当成功。

————约翰·伍登

艰苦的工作可以展现出一个人的个性：有人卷起袖子准备大干，有人嗤之以鼻，有人毫无反应。

————萨姆·尤因

既不要活在过去，也不要活在未来。把全部精力投入到每一天的工作中，以此满足自己最有野心的梦想。

————威廉·奥斯勒爵士

我特别相信运气。而且我发现，越是努力，我就越能得到更多的好运气。

————托马斯·杰弗森

凭工作成绩说话时，千万别插嘴！

————亨利·凯泽

更关注自己的个性而非名声，因为你的个性才是真正的自我，而名声不过是他人对你的看法。

————约翰·伍登

没有人的人生长到能从头到尾学完所有知识。想取得成功，我们必须积极地寻找那些我们想要学习的人，他们为实现自己的目标已经付出过代价。

——布莱恩·特雷西

最好跟比自己更棒的人在一起。找到比自己更强的人，和他们在一起，你就会朝他们的方向前进。

——沃伦·巴菲特

工作要么有趣，要么单调。一切取决于自己的态度，我喜欢快乐地工作。

——柯琳·C.巴雷特

想树立一个好形象需要 20 年，毁掉它只需要 5 分钟。如果这样想想，你就会改变自己的行为方式。

——沃伦·巴菲特

放弃、转身离开和投降都太容易了。永远不要这么做。继续尝试，再继续尝试。更努力一些，更聪明一些，但是要继续尝试。

——约翰·伍登

工作三原则：从混乱中发现简单，从无序中发现和谐，在困难中找到机会。

——阿尔伯特·爱因斯坦

推荐阅读

《@入门级别：关于生存、成功，以及你作为年轻专家的职业》
迈克尔·鲍尔

《打开你的降落伞》
亚历山德拉·列维特

《从大学到职场：踏入现实社会前要做的 90 件事》
琳赛·波拉克

《忙到点子上》
迈克尔·邦吉·斯坦尼尔

《你的降落伞是什么颜色？》
理查德·尼尔森·鲍利斯

《60 秒，工作就是你的了！》
罗宾·莱恩

《高效能人士的七项修炼》
弗雷德·考夫曼

《如何找到自己热爱的工作》
劳伦斯·鲍特

《当企业家遇上禅：用禅的思维发现经营本质与获得内心平静》

马克·雷瑟

《谁动了我的奶酪？》

斯宾塞·约翰逊

《80/20 法则》

理查德·科克

2.
Chapter

Chapter 3
金钱：手段，而非目的

> 金钱只是工具。它能把你带到任何自己想去的地方，但它永远也不能取代你成为驾驶员。
>
> ——艾茵·兰德

大学毕业大概是父母第一次放松对你的经济管制。当然，电话费和房租也得你自己掏钱了。也许很久以前你就能独立养活自己了，你甚至可能靠工作支付了自己的大学学费。但很多人毕业时，都身背数千美元的学生贷款。

毕业后无论你将在哪里安身，想去何处立命，钱都是至关重要的工具。就像在读书一样，想学到扎实的金融技能需要长时间的学习。不过一些基础知识却远比你想象的要简单易懂。

如果你只从本章学到三个知识点，我希望是以下三点：不要入不敷出、及时支付账单、立刻开始存钱。尽早开始多存钱，这能为你将来实现梦想提供资金支持。

本章包括：

◇ 储蓄以及管理支出的策略

◇ 增加收入的方法

◇ 优先偿还自己的债务

◇ 改掉糟糕的理财习惯

◇ 找出对你来说比金钱更重要的东西

3

我的金钱座右铭：金钱是一种手段，而不是目的

如果你想拥有更多的钱，请举手（不举手继续读下去也没什么）。

如果你清楚知道，金钱能让自己实践怎样的价值观，那就继续举着手。如果你和大多数人一样，那很可能你没怎么考虑过第二个问题。

金钱是手段，而不是目的。重要的不是那些花钱买来的东西，而是这些东西最终能为你带来什么。解决了基本需求后，如果你不清楚某些行为会如何改善你的生活，其实就没必要花更多钱了。你觉得成堆的账单（或者数不清的时髦物件）能为你的生活增加什么价值？

比如，24岁那年，我用省吃俭用省下来的钱买了一套公寓。这意味着我要签一份为期30年的按揭贷款。对于一个年轻人来说，这真是个重大的承诺。尤其是那时我还不知道自己未来两年会住在哪里，更别提30年后的事了。

因此，还贷的责任让我觉得喘不过气来，成了特别沉重的负担。为什么我会买下那套公寓？因为我以此实践了一个对我来说极为重要的价值观：独立。对我来说，独立生活、自力更生非常重要，而这套公寓就是能够支撑我经济未来的实体。如果我更信仰"顺其自然"，也许我就会做出截然相反的决定，比如用1年时间环游世界（这是多么梦幻的想法啊！）。

记住，财富有很多种表现形式。当我们走向生命终点时，希望我们都能在感情和经历上变得更富有，而不是只有银行里的存款。钱当然能帮你体验新事物，帮你完成一些目标。但钱不是一切，远远不是。

Ⓙ 詹妮的忠告

为自己的财务状况制订一份"财情报告"，在网上注册一个收入管理账号

· 毕业前，包括在毕业后的人生中，彻底了解自己的财务状况至关重要。你应该了解自己欠了多少学生贷款，知道每个月该还多少钱，清楚自己有没有信用卡账单，同时明确自己每个月的日常支出和其他费用（比如房租）该是多少钱。

· 我还推荐上网注册一个收入管理账号，帮助你监控自己的收入和支出。我最喜欢的是 Mint.com，因为这个网站登录起来很方便（你可以选择每周或者每月接收财务报告），而且网站界面清楚明白，易于使用。

从头培养正确的储蓄习惯

· 建立一个紧急状态账户和一个长期储蓄账户（我使用的是 ING Direct），把工资卡设置成每月自动向这两个账户转账。就算每个月你只给每个账户存 10 块钱，这也是一个好的开始，可以培养出良好的储蓄习惯。等你找到第一份工作时，你已经形成一套行之有效的存钱机制。

多留心自己的钱

· 生活就是一个大课堂。我们总会犯下错误，这样我们才能从中吸取经验，由此得到成长，同时避免将来犯下同样的错误。找时间从自己的错误中总结一些教训——自己在哪方面做得好？哪些地方还能继续改进？

· 尽管存钱很重要，但我们这么辛苦工作，是为了让自己能享受生活，把钱花在对自己重要的东西上。你必须在省钱和享受生活之间，找到平衡。

· 跟朋友出去玩时，要注意到每个人不同的收入水平。如果一个是投资顾问或者银行家，另一个是个省吃俭用的教师，那就不要去人均消费高的餐馆聚餐。

· 做出重大购买决定前，要做足功课。参考其他人的使用感受，到网店和实体店去询价，提前弄清保修服务计划、产品担保人和退货规定。

· 毕业之后搬回家跟父母同住没什么丢人的，特别是这么做能帮你省钱时，那就更没什么了。如果这样能帮你养成良好的储蓄和消费习惯，那就更好了。

· 如果毕业后你确定搬回老家，首先要跟父母确定你是否需要交房租或者其他费用，比如购买日常杂货的钱。如果父母不要你的钱，那每个月至少存下收入的 50%（或者存下大约附近平均房租 115% 的钱）。

· 有时候很难做预算。其实，每个月关注 4 个关键数字就行了：总收入、储蓄数额、"硬性支出"（账单、房租、饮食），还有"软性支出"（跟朋友去酒吧喝酒的钱、去高级餐厅吃饭的钱、买新衣服的钱）。这四项之外剩下的，你就可以随意支配了！（本章后面的练习会帮你建立起一个简单的预算表。）

存钱，存钱，存钱。首先，设立紧急状态账户和退休储蓄账户

· 如果你的公司提供养老金储蓄计划，一定要加入！如果公司和你对养老金是对等支付，务必尽一切可能让公司最大限度地支付养老金。这可是免费的啊！

· 你不必一夜之间完成一生的储蓄计划，难度也太大了，根本没可能完成。刚开始时存钱的数额不用很大，之后慢慢增加就是了。最开始先把每

个月收入的 5% 存起来，6 个月后，把比例提高到 10%，再过 6 个月，或许你可以把比例提高到 15%。

- 每个人都要为可能到来的困难时期准备一个紧急情况账户，比如车突然坏了要维修，或是其他无法预见的意外。我的经验之谈是存足 3 个月的必要生活开支。如果实在没这个能力，那至少也要存满 1 个月的开支。
- 面对紧急状态账户，一定要管住自己的手。不要因为一些没意义的小事动用这笔钱——这最终会导致你的努力前功尽弃，让你最初设立备用账户的目标彻底落空。

不要小看复利息

- 复利息是一个无比强大的金融概念。越早开始存钱，你就能挣到越多的利息，长此以往，利息就像滚雪球一样增长，最终远超你的最初投资。开始存钱的时间越晚，你的每一分能发挥的作用就越小。
- 比如，假设你存了 1000 块钱，每年的利息是 10%，现在你有了 1100 块。无需多存更多钱，第二年 1100 块钱再算 10% 的利息时，你就会得到 1210 块钱（通过复利息，你已经赚到了 210 块钱）。五年后，不用多做投资，你将会额外获得 610 块钱的利息。（如果想寻找网上复利息计算器，登录 Young-Money.com。）

自动化个人金融投资，让生活更轻松

- 直接存款是必需的。拿到工资后，一分钱也别花，先往退休储蓄账户和紧急情况账户里存钱。
- 如果你存款的银行支持移动支付，那就用上这项功能。银行会定期或按照你的设置给收款人签发支票。对于支付房租来说，这个方法实在太有效了。你不用每个月提醒自己给房东交钱，或是担心房租是不是交迟了。因为银行会自动替你把房租转交给房东。

- 对于每个月数额固定的支出，如果可能，最好选择自动支付。我就是这么解决水电费账单的。不过我设定了一个上限，如果账单金额超过20美元（我的水电费月均在15美元左右），系统会给我发送账单提醒电子邮件，而不是直接支付账单。

- 对于每月变化比较大的支出，或是自己想密切监控的支出项目（比如电话费），最好就不要设置自动支付了。你可以设定自动提醒邮件，好在缴款日前收到通知。这样，就能保证之前账单不会有错（如果有必要，还能减少争议）。

- 把每月的提醒邮件当作支付账单的"待办清单"。每付完一个账单就发送一封邮件给自己。

逃避经济上的问题只会让情况变得更糟糕

- 当你在经济上遇到困难时，你的第一反应可能是无视信用卡账单和银行账户，祈祷一切能够好转。但现实是，情况不会自动好转。

- 理性使用信用卡，每月全额还款。没别的，就这么简单。

- 如果你喜欢"买买买"，那就再开设一个银行账户，专门用来消费。把一部分收入直接存进这个账户（用来买衣服或者跟朋友一起旅游等等），只用这个账户的钱来满足购物欲。

- 小额消费很快会累积起来——今天吃一顿饭，明天喝一杯咖啡，等等。注意自己每月小额花销上的总金额，适当做出调整。

- 每年通过三大主要机构检查一次自己的信用卡账单（我用的是AnnualCreditReport.com）。如果发现任何可疑或者有错的地方，一定要打电话给信用卡发卡机构和调查机构。

- 有些东西值得花更多的钱。比如自己会经常用到的东西（手机、相机），或是那些一分钱一分货的东西（比如电脑）。
- 如果你想把自己的消费限定在可控范围内，那就得制订一份清单，上面记录未来 6 个月或 1 年内你想在哪方面进行大额消费。按照重要程度对清单上的各项进行排列，然后按照这个顺序制订计划。就算你改变主意，也只需调整清单内部顺序。
- 如果你喜欢在周末大血拼，那就给自己设定现金预算（最好不要用信用卡）。这能让你更清楚地意识到，自己到底在周末花掉了多少钱。
- 尽管信用卡经常被滥用，但它却比现金更容易跟踪你的消费。如果你能自控，只在能力范围内消费，那经常使用信用卡也不是什么坏事。（我在线使用 Mint.com，还把 Mint 的应用下载到手机上。他们做的消费分类饼状图真的太漂亮了！）

不要因为购买贵重礼物而刷爆自己的信用卡

- 赠送贵重礼物的习惯会迅速升级——有人送你一份超出你消费能力的礼物，还礼时，你觉得必须送人家一份价值差不多的礼物才行。这样的交换可能持续好几年，直到一方或双方无法承受为止。买礼物时设定一个价格上限，坚守这个上限。其实，有心意、有创意力的礼物更有意义。
- 节日互送礼物，让所有人的预算都很紧张。要么做"秘密圣诞老人"匿名给朋友或家人送礼物（从装满朋友或家人名字的帽子里抽出一个人的名字，你就是他或她的秘密圣诞老人，只送这一份礼物就够了），要么确定出每个人都能接受的礼物价值上限。
- 如果缺钱，快想办法挣钱！做家教，是个挣外快的好方法。

所有债务并非生来平等

· 如果你负债了，赶紧查查利率表。偿还信用卡卡债必须是最优先的！学生贷款可以等等再还，通常学生贷款的利率会低很多。

· 一般情况下，学生贷款的利率是所有贷款中最低的。有时甚至没必要立刻偿还学生贷款，你可以把这笔钱投入股市或者高回报的理财产品，还能赚到更多钱。只要保证每个月按时偿还当月定额的那部分就行了。

· 尽一切可能避免出现滞纳金或者其他透支收费。有些时候，人们在各种费用上的支出比实际消费金额还要多。

出岔子了？！不当卡奴！使财务状况重回正轨的 7 条建议

1. **面对现实**。逐项检查财务支出，搞清自己到底欠了多少钱。算清总收入（工资、奖金、债权和兼职工作）和总支出之间的差距。这就是你的负债。想搞定这部分，你可得开动脑筋了。

2. **对债务进行分级**。制订计划，先偿还利率最高的债务。比如说，信用卡卡债得最优先偿还，学生贷款则可以拖一拖。

3. **只做必要开销**。这种缩手缩脚的情况不会一直持续下去，但至少得有两周时间只能进行必要开销。这两周会过得很辛苦，但是想改正乱花钱的坏习惯，这两周至关重要。

4. **增加收入**。做家教，是增加收入的好办法。做兼职会让你的时间不那么灵活，但能有效改善财务状况。如果可能，寻求家人的帮助。万一将来得面对越来越高的利息，寻求家人的帮助就更加重要了。

5. **找出自力更生还债的办法**。还清信用卡卡债的感觉棒极了——当然，还清信用卡卡债是你的第一要务。但是重新制订储蓄计划，重建紧急情况账户和其他储蓄账户，这些跟还清信用卡同等重要。

6. **重新确定经济目标，为未来做好打算**。面对个人财务问题时，千万不要只采取保守态度。重新确定目标（根据现实随时做出必要调整）。为自己想要买的东西或者想做的事情存钱，比如旅行。

7. **反思教训。**这大概是最重要的一步了。反思一下是什么让自己负债，然后采取行动，确保这样的事不会再次发生。

理财永远不嫌晚

关于金钱，我想告诉你最重要的一点是，我们能掌控它。如果你想掌握自己的命运，我建议采取以下几步：

1. **承认自己的恐惧和缺点。**你害怕什么？你在经济上最大的问题是什么？管理自己的收入时，你需要避免什么？（完成本章"金钱的感性一面"练习。）

2. **提高关注度。**目前你的经济状态怎么样？你有多少存款？有多少债务？每个月的收入和支出分别是多少？本章还包括一个四步的预算练习，帮助你理清思路。

3. **务必开始理财。**至少，在 Mint.com 上注册，这样你就知道自己的钱都去哪儿了。下一步？开设一个短期储蓄账户，每个月自动存入 50 块，以此作为紧急情况账户。

✖ 练习：金钱价值链

了解了你的经济目标下所包含的价值，就更能通过对金钱的支配让自己更幸福。探寻自己的价值观根源，同样也能为你将来的财务决策奠定基础。

想把"商品"和价值观联系在一起是件富有挑战的工作。对于以下的价值链练习，写出两样你想买的东西，或者想为之存钱的事情（比如旅游或者购买大件商品）。

每次想买东西，或是设定经济目标时，问自己"这能为我带来什么"，或者"为什么这个东西/这件事对我这么重要"。多问自己几遍，直到你终于发现其中隐含的价值。

例子

· 为退休存钱 > 生活保障 > 旅行 > 有做任何自己选择的事情的自由 > 有扶养家庭的能力，能够回馈社会

· 升级我的着装 > 在工作时穿得更加职业化 > 感觉更自信 > 每天都充满活力，充满存在感

价值链 1

想买的东西，或者想存钱做的事情：

_____

它们为什么对我这么重要？

_____

它们为什么对我这么重要？

_____

它们为什么对我这么重要？

_____

它们为什么对我这么重要？

_____

价值链 2

想买的东西，或者想存钱做的事情：

_____

它们为什么对我这么重要？

它们为什么对我这么重要？

它们为什么对我这么重要？

它们为什么对我这么重要？

深度探索：你在堵塞自己的经济动脉吗？

> 导致失败和不幸福的最主要原因，在于你牺牲自己一生中
> 最想得到的东西，来满足自己当下的欲望。
>
> ——吉格·齐格勒

又脆又香甜的煎培根，刚出锅还冒着热气、咸淡刚刚好的炸薯条，这些美食令人垂涎，甚至于闭上眼睛，好让自己享受这短短几秒的美妙感觉。这样真不好……但是，哎呀呀，实在太好吃了。

大多数人都知道，有些食物对我们的身体不好。但有时候，我们还是会陷入为体验短期愉悦而牺牲长期健康的陷阱中，我们毕竟是凡夫俗子。我们知道，高脂肪和高热量的食物会腐蚀、堵塞我们的血管，但这里有个圈套，这种腐蚀、堵塞的过程是缓慢的。如果我们吃下的每一根薯条都挂着"立刻堵塞血管！"的小旗，或者能立刻引起疼痛，或许我们就更容易对垃圾食品说"不"了。但是，我们接受了垃圾食品，却还希望自己的血

管 30 年后不会太糟糕。

　　说到花钱，你能做到心里有数吗？你的短期消费习惯对长期经济目标会有什么影响？为了转瞬即逝的放纵，你是否阻塞了自己的经济动脉？

　　我们在财务上都存在弱点。以下这些习惯看上去无害，但却会慢慢地阻塞我们的经济动脉：

· 经常购买自己不需要或者用不上的东西。

· 提前消费（心里想着"总有一天我会有钱的"或者"马上我就能收到一大笔钱了，所以我就像已经收到钱那样去花钱"）。

· 把收入的一大部分花在那些最终无法提高生活品质的东西上（比如在酒吧里花大价钱买酒喝，这真的有必要吗？）。

· 让电视转播商或者手机通信公司多扣了你的钱，因为在交钱时你压根没注意自己的账单。

· 买完不该买的东西后，用"我以后会想办法补上这笔钱"来给自己找借口。

　　以上清单当然做不到事无巨细，我只想借此引起大家的思考。你的哪些消费（或者不存钱）的习惯对未来的经济健康没有益处？

_____

_____

_____

　　养成了哪些值得表扬的消费习惯？

_____

_____

_____

对很多人来说，健康的饮食习惯比健康的消费习惯更容易概念化。下一次你发觉自己就要做出一个愚蠢的经济决定时——没错我就这么说了，愚蠢的决定——停下来问问自己，这个决定到底能换算成多少营养？ 10个甜甜圈？一个肯德基全家桶？一个加了培根的麦当劳牛肉大汉堡？接下来再问自己：现在看还值得吗？或者按照齐格勒的说法，你牺牲自己一生中最想得到的东西（比如经济健康和经济安全）以满足自己当下的欲望？

毕业生的建议

首先，明确自己的财务状况。我们总是认为，找到工作后，一切问题都能顺理成章地解决，很容易陷入已经挣了大钱的幻觉里。因为上大学时很多人挣不到这么多钱。可收入越多，支出也会变得更多，比如房租、有线电视费用、水电费，还有伙食费，这些都会比你想象得要多出很多。

——瓦妮莎·M，南加州大学

那个能让你半夜兴奋得睡不着的"事情"，很可能带不来多少收入，但收入却能为你带来自由。目标是自由，不是金钱。

——伊芙·艾伦伯根，宾汉姆顿大学

千万别拖欠信用卡账单！！！也许今天你的信用卡有额度，可以买下自己想要的东西，但现在的就业市场太不稳定了，眨眼之间局势就会发生变化。没有什么比没工作、没收入还得看着信用额度越来越低更让人心烦的了。这会让你做很长时间的噩梦。

——克里斯·R，圣爱德华大学

疯狂地攒了几年钱后，我明白"死也带不进坟墓！"学会过好每一天吧。

——金妮·B，长岛大学

不要总跟父母借钱。最开始独立生活时，借点钱没什么……要不然还能怎么办？可一旦有了独立生活的能力，立刻剪断这条"脐带"，对我来说，我和我妈妈的关系得到了不少改善，就是因为钱已经不再是我们之间最重要的话题。我喜欢自己有钱、不需要依靠任何人的感觉。

——艾莉森·H，巴德大学

深度探索：有关金融的善意的谎言

也许在消费时你是个非常理智的人。可万一你不是，那就让我来分享一个我喝咖啡的小故事，然后告诉你这个故事跟我们花钱时常对自己说的那些善意谎言的关系。

关于我是咖啡死忠的一些背景故事，以及我如何像一个疯子一样跟自己对话

有一天我开车去上班，心情特别好。我来到一家星巴克附近，无论好

不好，这家星巴克正好在我上班的路上。我开始纠结，"我该去吗？""不！到办公室做一杯拿铁就行了。""但我想喝星巴克！""你在谷歌上班，遍地都是浓缩咖啡机！你敢停车！"

最后一刻，我还是掉转了方向盘，我还是值得喝一杯冰拿铁的。我工作那么努力，天气又这么热。我走到了柜台边，又买了一个早餐三明治，最后总共花了 6.4 美元。"没什么大不了的，"我说，"反正我跟朋友吃早午餐至少就要花掉 15 美元。""可今天才周二啊！""好吧，那周末我就不喝了。"

你觉得那个周末我控制住自己了吗？必须没有啊！我一天之内去了三次星巴克，这可真是狠狠地打了我这"勤俭节约好市民"的脸啊！过去 1 年，我去了 146 次星巴克，一共花掉了 889 美元。

我知道，我说的只是星巴克。相比购买平板电视的冲动，喝星巴克只是很小的花销。但我觉得这种对比不重要，在买"大件"和"小件"的问题上，我们对自己也说过类似的善意谎言。以下是我说过的三个最大的善意谎言，以及驳斥这些谎言的策略。

善意谎言 1：优惠券心理——花掉 X 这么多没什么，因为我本应该花掉 Y

例子： 花了 500 块钱买了一台用不上的电视，这没什么，因为电视在打折。

为什么我们会说这个谎？ 因为谎言能让我们心安理得。我们花掉了本来不该花掉的钱，又通过可能会花得更多的假设来为之前的消费行为寻求正当性。

如何消除这种想法？ 当你发现自己出现"优惠券心理"时，给自己一个相反的想法。星巴克这个例子，让我学会提醒自己"你能在家里做免费的咖啡"。

善意谎言 2：这是我辛苦挣来的！（一遍一遍又一遍地提醒自己）

例子： 我可以买下这双新鞋——这是我辛苦挣来的。我还为自己挣来一顿高档的午餐，和朋友一起喝一杯 50 美元的饮料，还有一个新发型。还有我 1 天 3 次喝星巴克的习惯。

为什么我们会说这个谎？ 因为我们想回报自己那么辛苦地工作！这是完全合理的想法。可那些买来的东西，究竟有多少是你辛苦挣来的？如果钱是花在能让自己开心的东西上，或者庆祝自己努力工作取得的成绩，我举双手支持。为了享受生活，我们才去工作。不过要注意，想想自己用了多少次这个借口。想想你刷信用卡买来的第 100 件商品，你真的挣来这笔钱了吗？

如何消除这种想法？ 如果你边工作边存钱，你当然赢得了花大钱奖励自己的机会。提前做好计划，确保"我挣来的！"消费并非冲动消费，而是把钱花在自己真正想要的东西或体验上。有一种父母用过的行之有效的方法：把自己想买的东西换算成工作小时数，"买这双鞋要工作两小时""买这台电视要工作一周"，这些消费还值得吗？如果仍然觉得值，那就存钱去买吧！

善意谎言 3：多花钱了没关系——以后我会补上的

例子： 工作日我在网上订了一件售价 50 美元的商品，那周末我不出门吃饭。

为什么我们会说这个谎？ 其实这是我们每个人心里都有的拖延症在作怪——既然以后能补上，为什么不现在就花钱？为什么今天不动手呢？这种想法的圈套是，等到"以后"真的来临时，我们早就忘了当初给自己写下的"借条"。当然，再往后，这些"借条"（还有信用卡账单）会不可避免地堆积起来。

如何消除这种想法？颠倒一下顺序——先存钱，等钱存够后再消费。不要做出明知道无法坚守的承诺。当你发觉自己说了"以后我会补上"这种话时，停顿一秒，再问自己一遍："我真的会补上吗？"如果你真的愿意用未来的节俭换取现在的开销，这非常好，记得兑现承诺。在卫生间的镜子上粘一张纸条，写下周末或者下个月还有多少预算，这也是个不错的方法。

轮到你坦白了：花钱时，你对自己说过什么善意的谎言？你都怎样打消花钱的念头？

Ⓧ　练习：经济目标头脑风暴

目标是明确的、可计量的客观实际，是你想在一段时间内达到的目的。有些目标纯粹以金钱为指向（比如 25 岁前攒够 10000 美元），有些目标则更宽泛。许多人生目标中都需要经济支持（比如买辆车或者读研究生）。这个练习的目的，是想让大家在每个类别中尽可能多地进行头脑风暴，找到自己的目标：在一定范围内给自己提出一些有趣、有冒险精神，并且严肃正经的目标。针对每一个目标，估算出需要花费的时间和金钱。你可以参考一下第一章里还没完成的目标。

以下每个时间段里，确定消费、收入和储蓄的目标。举个例子：

1. 开销：夏天报名学习瑜伽或者水上漂流，花费 1000 美元。

2. **进账：** 本职工作以外培训客户，一个月额外收入 200 美元。

3. **储蓄：** 每月养老金账户储蓄额从工资的 15% 提高到 16%，或者每个月多往紧急情况账户中存 100 美元。

6 个月目标

1. 开销（要做的事或要买的东西）：

_____

支出上限

_____

2. 进账（收入）：

_____

大约数额

_____

3. 储蓄：

_____

大约数额

_____

1 年目标

1. 开销（要做的事或要买的东西）：

_____

支出上限

_____

2. 进账（收入）：

_____

大约数额

___

3. 储蓄：

___

大约数额

___

2 到 5 年目标

1. 开销（要做的事或要买的东西）：

___

支出上限

___

2. 进账（收入）：

___

大约数额

___

3. 储蓄：

___

大约数额

___

最后一步——缩小目标

　　重读自己在上面写出的所有目标，根据以下问题的答案，圈出可以开始着手准备的三个目标。

· 哪个目标最让你兴奋？

· 哪个目标能产生最大的影响？

· 哪个目标能让你最快取得成功？

Ⓧ 练习：金钱的感性一面

钱就像食物一样——都有各自不足。有些人消费太情绪化，有些人一直生活在缺钱的恐惧中，当然，也有毫无畏惧的人。明确自己在经济上的优势和不足非常重要，这样你就能强化优势弥补不足，从而走向财务自由。

这个练习的目的，是要帮你明确你的金钱观，这样就能知道它对你的储蓄和消费习惯的影响，进而找出可以改进的地方。

关于金钱，对你来说重要的是什么？

涉及到钱时，你会有什么情绪？

从小到大，无论直接经历还是间接观察，你从家人身上得到了哪些有

关钱的经验？（不论好坏）

你用哪些方法能管理好自己的钱？

有哪些特别的方法能让你更好地管理自己的钱？

描述自己理想中的经济状态。你怎么挣钱？怎么管理？怎么花钱？

哪些经济管理或消费问题最让你担心？

在这部分，今天你能做一件什么事改善现状？

_____

_____

_____

_____

我对所有人的期望

　　我对我自己、我的朋友以及所有读者的最大希望，就是让金钱成为我们自由的源泉，而不是我们沦为金钱的奴隶。让金钱给我们带来力量，而不是带来罪恶感或者羞耻感。我们要有意识地做决定，不要产生沮丧或者无知的感觉。无论从哪天开始，从哪里开始起步，我知道你肯定能做到。

　　就一分钟，忘掉自己有多少钱。我希望我能看着你的眼睛，但现在，听我说就好了。不管你的银行账户上写着什么数字，你都是无价之宝。你聪明、有创造力，并且头脑灵活。没有什么是你弄不明白的，连这件事都一样。尤其是这件事，你一定能解决。

⊗ 练习：四步预算

　　做一份内容详细的预算很困难，想要严格执行就更有挑战性了，因为预算设定的时间似乎长得看不到头（至少一个月），而且每份预算里有各种各样的机动部分（大部分预算中都包括诸如购物、杂货、水电费等十多个类别）。所以，计划外的旅行或大额消费会打乱全部计划，让你感到泄气和混乱。

　　就让我们开始四步预算吧。你会发现，把预算分为三个易管理的大部分更轻松：收入、硬性支出和软性支出。接下来，你可以给自己留一部分零花钱，金额自己决定。制订预算的过程比那些有十多个类别的明确预算要简单得多。（你可以在我的网站 LifeAfterCollege.org 上的"模板"部分找到这个练习需要的线上空白表格。）

确订每月支出限额

1. 将一个月的所有收入（包括各种兼职收入）相加得出总收入。

2. 累加所有硬性支出（房租、账单、税费、保险、煤气费和杂货费，在这一栏千万不要忘记储蓄款！）

3. 累加所有软性支出（每个月你特别想做的事／特别想买的东西，但不做或者不买也能活，比如喝咖啡、娱乐消遣，还有其他反复出现的开销）。

4. 用 1 的总数减去 2 和 3 的总数，剩下来的就是你每月的零花钱。

1. 第一步：每月收入

来源：_____ _____

来源：_____ _____

来源：_____ _____

总数：_____ _____

2. 第二步：硬性支出

来源：_____ _____

来源：_____ _____

来源：_____ _____

总数：_____ _____

3. 第三步：软性支出

来源：_____ _____

来源：_____ _____

来源：_____ _____

总数：_____

4. 第四步：计算每月零花钱

第一步所得总数_____，减去第二步所得总数_____，再减去

第三步所得总数，等于_____

每月零花钱：_____

✗ 练习：保持周末预算平衡的简单备选方案

如果要用图表描绘出我一周的消费状况，我能想象出一个像山一样的图形。从周一到周五一直很低，一到周六周日就达到峰值。

除了上网买几本书外，工作日里我花钱都很谨慎。到了周末，我的信用卡就被刷爆了。我花钱买早餐、午餐和晚餐，刷卡买衣服，看电影，喝饮料，你能想到的，我都做了。这种情况是不是似曾相识？你可能也是我这种工作日保持理智，周末疯狂血拼的人。

进入周末预算状态

如果你做不到按月追踪自己的预算和消费，那就试一试周末预算。你大概会发现，把时间分割得越短，就越容易做预算。

确定周末预算时，试着按照以下步骤：

1. 完成"四步预算"练习，确定每月零花钱数额。

2. 把每月零花钱总额四等分，每一份就是你的每周周末预算金额。只要花销不超过这个数字，那你想怎么花就怎么花。如果有必要，把钱从银行卡里取出来，消费时使用现金。

除了密切监控自己在周末的花销外，动脑筋想出一些既能和朋友在一起又不需要花太多钱的有趣的事情（骑自行车旅行、徒步登山、做义工、在家做饭而不是出门聚餐等等）。

深度探索：充满创造力地生活

人生中需要的所有暂停，都存在于你的想象中。想象是你的大脑的工作间，它能把头脑中的能量转化成成就和财富。

——《以智聚财》的作者拿破仑·希尔

人生需要创造力。解决问题需要创造力，在失败和倒退中发现积极因素也需要创造力。我不知道人生中的哪个部分不需要创造力。

如何实践有创造力地生活呢？首先，要有好奇心。想想现在你遇到的挑战，比如疲劳、减肥、经济状况令人担忧等等。把这些挑战列为"麻烦"，过一段时间把它们改成"问题"（动手写下来确实会有帮助）。怎么让自己更有活力？怎么才能减肥？怎么才能多挣点钱？

把遇到的"麻烦"转化成"问题"，可以让你的创造力参与进来。即便你没能立刻想到答案，大脑也接到了任务——这是大脑可以思考、解决的问题，而不是只能担心的麻烦。

有一年夏天，这个方法对我尤其有效。当时，我一个月内买了好几张机票，之后我发现自己还差 1000 美元才能还清信用卡账单。我真的很担心信用卡欠账，却不知道怎样才能凑到这笔钱。

于是我把自己的担忧转化成了一个问题：我怎样才能凑到 1000 美元还清信用卡卡债？我列出所有我能做的事，然后缩小范围，最后找了份教授网页制作技术的兼职。一旦我想出了可行的解决办法，就把问题变成了一个明确的目标：8 月 1 日前通过教授网页制作挣到 1000 美元。这个办法奏效了。现在，当我需要解决经济问题时，会有更多点子。

Ⓧ 练习：充满创造力地生活

列出你目前遇到的麻烦或者挑战（不一定非是金钱上的麻烦）：

_____

_____

_____

_____

选择一两个麻烦或挑战（看上去最难解决的），用文字重新描述：

1. _____

2. _____

开始头脑风暴：针对上面的问题，你能想到哪些可行的解决方法？

1. _____

2. _____

深度探索：把"克雷格分类广告"网站当作获取额外收入的来源

想挣点外快，可除了累死累活地干兼职，似乎找不到别的方法？试试通过"克雷格分类广告"增加收入来源。这里会涉及一些高科技的试验和错误。

7步，利用"克雷格分类广告"增加收入：

1. 浏览"服务"区块（在服务下，"课程与家教"是一个有用的小区块）。

2. 保留任何一个你觉得有趣的服务项目（以及你觉得自己有能力完成的服务项目），比如家教或遛狗。

3. 在自己喜欢的网页上添加书签，或者把内容复制到一个独立的文件夹里。列明自己为什么喜欢这份描述（比如文笔清晰、读起来有趣等等），还有这项工作的收费标准。

4. 把自己的清单缩减到两到三个你愿意尝试的事情上。每一个都写出一份自己的能力描述。

5. 把帖子发到"克雷格分类广告"，然后等待，看能不能得到回复！

6. 如果你刚开始或者已经完成了一个自己不喜欢的工作，把它当作学习的机会。

7. 要么彻底改变兼职方向，要么把自己的描述改得更明确一些。写出一些有助于获得额外收入的活动（一定要合法啊，拜托！）。

说明：如果你没有时间或精力通过类似家教这样的兼职挣钱，记住，在"克雷格分类广告"或者 eBay 上卖衣服、家具和旧电器同样是增加收入的好方法。

深度探索：奖励目标

20 岁那年，我给自己定下了一个非常明确的目标。我在日记本上写了整整一页，全是"从现在开始到 5 年后的 10 月 9 日（我的生日），我要给自己买一个右手戴的钻石戒指，价值 3000 美元"。

真肤浅啊！与此同时，我还定下了其他几个更严肃的目标，但买戒指的目标更重要，因为这象征着独立、享受，而且 5 年后我知道这是对自己的一个奖励，说明我在这 5 年工作完成得很好。

定下目标后过了 1 年左右，我写下了自己的目标，还从杂志上剪下照片显示自己真有这个决心，但我发现自己没有朝实现这个目标真正做出有实质意义的努力。于是我开了一个独立的储蓄账户，每个月直接往这个账户里存钱，为买戒指做准备。无论怎样，我都不会从这个账户取钱买别的东西（包括买房子、付信用卡账单，我都不会用这笔钱）。

一旦设定了一个需要 5 年时间慢慢消化和实现的目标，这就成了大事。这么明确地写下一个目标，帮助我坚定了实现目标、激励自己的信念，无论这个目标当时看来显得多么肤浅。

事实上，在这么长的一段时间里，每次少存一些钱都让这个目标显得不那么肤浅了，因为我自己挣到了这笔钱，买戒指我不用向别人借钱。这件事让我了解了自动储蓄的价值。当我认识到自己不会随便乱花退休储蓄后，这让我对未来有了更多期待。

朝奖励目标努力的好处

1. 能继续加强自己健康的经济计划的合理架构，带来更多利好，同时还能让自己享受到乐趣。

2. 通过定期、持续的储蓄，而不是一次性刷爆信用卡为自己赢得一份贵重的礼物或者高档的旅行，这种感觉更能让人得到满足感。

3. 这比存退休金有意思多了，而且周转周期更短。不过一定要明确，你的第一要务仍然是为退休做准备，紧急状态账户仍然最重要。抛弃了这些系统化的长期目标，只为奖励目标存钱，那就背离了储蓄的目的。

确立长期奖励目标的步骤

1. 找出对自己有意义的东西。它能让你满足、兴奋，而且你平时不会买或不会做。

2. 写下一个有时间限制的目标，附上实现这个目标需要的金额。（比如：2012 年 1 月我要买一张去非洲的机票，开始为期三周的旅行，一共消费 ×× 美元。）

3. 把需要花费的总金额，按月从今天到目标日期分成等份。

4. 为实现这个目标，开设一个独立的高利率的储蓄账户。把这个账户和自己的日常消费以及其他储蓄账户分开。

5. 把日常消费账户设定为每月自动向这个账户转账（金额为之前的计算结果），这样，你无需花费太多精力，就能让你的储蓄账户自动成长。

你会考虑为哪些奖励目标存钱？

伸伸懒腰开动大脑，这部分会很有趣的！不要把目标局限在现在买得起的东西上。每次存一点，这会持续很长一段时间。

1. —————————————————————————————————

2. _____

3. _____

4. _____

5. _____

6. _____

7. _____

8. _____

9. _____

10. _____

11. _____

12. _____

13. _____

14. _____

15. _____

🐦 来自推特的建议

关于储蓄和消费你有什么看法？有什么好建议吗？

@LMSandelin：彻底压抑自己的欲望是不现实的。工作那么辛苦就是为了挣钱，不过要把钢用在刀刃上。

@doniree：知道自己要做什么！买新衣服的预算？基本款就够了。旅游？等我把其他该付的账、该存的钱都搞定，就为旅游存钱。

@davidstehle：用于储蓄和投资的钱要多于花掉的钱。只花今天有的钱，不要花明天才能拿到手的钱。想要更多？那就工作得再努力一些吧！

　　@MeganLoghry：存钱存钱存钱存钱。我最好的建议是，就算已经不是穷学生了，还是要像穷学生一样生活。

　　@ryanstephens：跟踪记录自己的收支情况。多存钱，并且比你认为必需的金额多。花钱时长点儿心，不过有自己真正喜欢的东西时，该买还是要买。

　　@JReid_DevCab：事实上，有钱确实能使鬼推磨……除非钱多得花不完，否则还是尽量节约吧。

人生金句

　　不要告诉我你优先处理什么。让我看看你把钱花在什么地方，我会告诉你，你优先处理的是什么。

——詹姆斯·W.弗里克

　　省下一分钱，就是赚了一分钱。

——本杰明·富兰克林

　　最爱说"明天"这个词语的，是穷人、不开心的人、不健康的人。

——罗伯特·清崎

　　只有在自己真正喜欢的领域中，你才能真正取得成功。不要让金钱成为自己的目标。相反，做自己喜欢做的事，做得够好时，人们再也无法把视线从你的身上移开。

——玛雅·安吉罗

为了保证自己拥有一个光明的前途，把收入的 3% 用于自身投资（自我发展）。

——布莱恩·特雷西

我从经验中学到了一些东西。第一，不管某事从字面上看有多好，还是要听从自己的本能。第二，从总体上来说，坚守已知事实做出判断是更好的选择。第三，有时候你做出的最好投资，是那些你没有做的投资。

——唐纳德·特拉普

直到拥有了金钱也买不到的东西，你才算真正富有。

——加斯·布鲁克斯

拥有金钱是阔绰，拥有时间是富有。

——玛格丽特·波纳诺

从我认识的亿万富翁来看，钱只会让他们表现出自己的本质。如果发财之前他们就是浑蛋，那他们现在不过是有上亿美元的浑蛋而已。

——沃伦·巴菲特

就算挣到了钱，你也没有过上完美的生活，除非你做到让别人永远无法回报你的事。

——露丝·斯梅尔策

普通的财富可以被偷走，真正的财富却不会。你的灵魂中无限珍贵的部分，是无法被夺走的。

——奥斯卡·王尔德

太多的人为了财富而牺牲健康，后来，他们又要消耗财富换取健康。

——A.J. 莱博·马特里

财富是自由的一个工具，但对财富的追逐，却是通往奴役之路。

——弗兰克·赫伯特

钱是什么？如果一个人早上起床，晚上睡觉，中间能做自己想做的事，这就是成功。

——鲍勃·迪兰

 推荐阅读

《富爸爸穷爸爸》
罗伯特·清崎

《你的钱就是你的生命：转变你和金钱关系、让你实现经济独立的9个步骤》
乔·多明格斯、维奇·罗宾

《一本给年轻人、幻想者和破产者的书》
苏斯·欧曼

《过上理财人生：20 岁和 30 岁时的个人理财》
贝思·柯布琳娜

《金钱大改造：被证明过的经济健康计划》

戴夫·拉姆齐

《赤裸裸的经济学：揭开科学的沉闷面纱》

查尔斯·J. 惠伦

《〈华尔街日报〉给出的理解金钱和投资的指南》

肯尼斯·M. 莫里斯

《思考教室》

拿破仑·希尔

《我可以让你富》

拉米特·塞希

《20 岁 30 岁个人理财的傻瓜指南》

萨拉·杨·费舍尔、苏珊·谢莉

网上财务管理工具

Mint.com

Mint 可以调出你所有账户的信息，显示你的消费趋势，让你创建并管理预算，通过电子邮件给你发送每周或每月财务简报。你还可以发信息给 Mint，从而在账户变动时获得短信提醒，或者下载他们的手机客户端。

CreditKarma.com

你能不限次查看信用额度，追踪信用卡消费，还能得到信用卡消费建议。

AnnualCreditReport.com

每年可以从三大主要信用评价机构获得免费信用报告。注意：如果想查看信用额度，需要额外付费。

SmartyPig.com

这个是一个"社会化的储蓄"账户，让你能为特别的目标开设储蓄账户，并且和朋友分享这个账户。

JustThrive.com

和 Mint.com 类似，能将你的信用卡、活期账户、储蓄账户、退休金账户和投资账户集中在一起，可以"轻松地看到自己拥有什么、负债多少，以及在哪里资产可以增值"。

BankRate.com

各类金融计算器，从退休金到税务，从自动贷款到债务管理，都可以计算。

Chapter 4

家：独立生活，
家务活要尽早习惯

> 无论是国王还是农夫，家庭和睦最幸福。
>
> ——约翰·沃尔夫冈·冯·歌德

除了工作，余下大部分时间我们基本都在家。无论你是一个人住，还是有室友跟你一起合住，重要的是要住在一个能让你享受的地方，至少，也是一个包容的地方。

如果你住在又脏又乱的地方，那么很可能生活的其他部分也需要改进。通过营造一个宽松、舒适的生活空间，你可以为自己提供一个放松、重新积攒活力的空间。

本章的内容包括：

◇ 和室友一起生活

◇ 最大限度利用自己的居住空间

◇ 不吵架就能打扫房间的窍门

4

 詹妮的忠告

聪明地投资——装修的回报高到你想不到

- 一句话：克雷格分类广告。没把二手家具市场翻个底朝天之前，不要买新东西——真心不值得啊！

- 如果你真的要在某些东西上花一大笔钱，那就用来买床上用品（床垫、被子、床单、枕头之类的）。一天有三分之一的时间要在床上度过，还是让自己舒服一些吧。

- 朋友和家人的照片是最好的装饰。买些便宜的相框，在自己的房间和其他公共区域里摆上些新照片吧。

- 进行个性化家装可能需要很长时间。如果你非要一次性装修好或者配齐家具，要么你会破产，要么你可能失去将来收集更有意义（或者更有趣）的装饰品的机会。

- 如果你要搬去跟新室友一起住了，首先你要明确消费制度和物品分配规则。买沙发和养狗一样，当你们分道扬镳时，这些东西总得有人带走。

- 当你和室友合买了大件商品时，你得保证你分开时，大家都愿意出钱买下对方的那一份。

开始新居家生活：如何面对各类账单、室友和房租

- 如果毕业后你搬回家跟父母同住，这种"啃老"行为尽量不要持续太久。

独立起来，创造属于自己的独立生活，这还是相当重要的。

- 记得给朋友或者住在附近的家人留一把备用钥匙，说不准什么时候你就把自己锁在外面了。

- 一定要按时交房租！要知道，将来你看到好房子想竞价购买时，你还得请房东帮你写推荐信。

- 如果有人跟你看中了同一所房子，一定记得在房子正式挂牌订出前找到原房东。除了带上钱，还要带上"个人资料夹"，里面包括个人简历、财务简报、信用报告和通用申请表。这么完全的准备，未来的房东一定会喜欢你！

- 搬进新家前，先为整套房子拍照。等你搬出去时，这些照片能帮你拿回全部押金，因为你能证明破损在你搬进来之前就存在。

- 跟好朋友合住，千万慎重！合住可能对你的友谊造成难以预料的破坏。而且，你还少了个抱怨室友的发泄口。

- 按时付清账单已经够难的了，再加上室友，账单就成了更大的麻烦，更难及时付清了。要和室友开诚布公地进行交流，商量出一个大家都能接受的付账方法，明确当有人不按时付钱时的应对机制。

- 日用品的消费会增加，尤其是快速消耗品。出门购物前设定最高消费限额，千万别在饿肚子时出去购物！

- 就算你不喜欢邀请朋友到家里玩，该请还是要请的。这能促使你认真打扫卫生，而且这是很好的社交活动，是介绍不同社交圈的朋友互相认识的好机会。

整理房间小窍门

- 纸质购物袋可以用来当一次性垃圾桶。

- 留出一个装文具的抽屉，里面多放些感谢卡、笔记本和办公用品。

- 在门口放一只碗或一个挂钩，进门后把钥匙放那儿，这样就不会丢三落四。
- 如果你有一个或多个室友，那就共同出资买一个邮件分类盒，每个人都应该拥有私人空间。把邮件分类盒放在大门口，或者其他收邮件的地方。
- 在邮件分类盒旁边放一个垃圾桶，这样在翻看邮件时，随手就能扔掉垃圾邮件（比如商品目录或者优惠券）。
- 在床头柜上放点便利贴。如果半夜灵光一闪有了好点子，就写在便利贴上，粘到卧室门上或者卫生间的镜子上。第二天早上你就能记起来。
- 储备一套备用床上用品，以备有朋友突然来访过夜。如果你不能（或者不想）准备一整备用套床上用品，至少把最基本的准备好：一个枕头、一条毯子，再加上一条浴巾。
- 在一个抽屉里放上剪刀、便利贴、胶带和电池。这些东西总会派上用场。
- 把手电放在好拿的地方，记住它在哪儿。没人知道什么时候会突然停电，摸黑撞来撞去找手电可不是件有意思的事儿。
- 鞋子收进鞋盒里，鞋盒外不一定非要贴照片，至少贴一张纸条，写清楚里面装了什么。这个方法能让你轻松收纳自己心爱的鞋子，还能让衣橱井井有条。
- 使用可移动电暖气，不要用墙内加热器，这能省下不少电费。不过千万别忘了在出门和睡觉前关掉电暖气。
- 买矮脚酒杯，这种酒杯摔碎的概率远远小于普通酒杯。
- 房屋保险这笔钱还是应该花的。通常来说，这种保险保费不高，还能在发生火灾或房屋被盗时让自己的经济利益得到保护。
- 卫生间里要常备除臭剂和马桶刷。当你的客人感谢你时，别忘了谢谢我。
- 节约很重要。拔掉厨房里不常用电器的电源，记得随手关灯。

- 在小药箱里常备重要常用药品：阿司匹林、创可贴、止疼片、眼药水、炉甘石洗剂、双氧水、纱布、感冒药或开瑞坦。

最好习惯干这些活

- 居家生活有两件事会周而复始地进行：洗衣服、刷碗。
- 刷碗其实很好玩。至少默念"刷碗其实很好玩"，你不刷，脏碗不会自己变干净。如果你没有洗碗机，还是享受刷碗的过程吧！刷碗时，还能反思一下一天的生活。
- 买一个衣物分类箱还是很有必要的。衣服只有干净、不干净两种状态。与其把所有衣服都扔到地上堆在一起（人人都有这么干的时候），还是告诉自己，要么把衣服扔进洗衣机里，要么叠好收起来。
- 如果衣服洗好后没时间立刻叠好，至少把衬衣和裤子拿出来平整铺开，免得出现褶皱。
- 切记不要把羊毛衣物放进烘干机！否则能穿那件衣服的只有婴儿了。列一个单子贴在洗衣机上，上面写明洗涤各种材质衣服的注意事项。
- 在洗衣篮旁边放一个干洗袋，或者买一个三栏的衣物分类箱：白色、深色、干洗。
- 洗羽绒被套前，先用撕纸式粘刷清理被套。
- 旧袜子是做抹布的好材料。

不要让自己的家变得乱七八糟

- 别舍不得扔东西。用不了的笔、坏了的玩具、自己用不上的东西、不再穿的衣服，还有其他没用的东西，该扔就要扔。这些东西只会占据空间，让家变得越来越乱。
- 和朋友搞一次二手物品交换派对，处理掉自己不想要的东西。你不要的废品有可能是别人的宝藏。

其他清理小窍门

· 工作日期间，你的住处可能会变得脏乱，所以到了周末就该尽量打扫
干净。如果不打扫，房间就会越来越脏越来越乱，等到你不得不打扫时，
你就得花上整整一天时间才能清理干净。

· 虽说毕业后我们的手头都会比较紧张，不过请家政公司来清扫还是值
得的。不管是一个月一次还是三个月一次，他们能把家里那些看不见
的角落都打扫干净，把你家里的每个地方都收拾得干干净净。这笔钱
通常都会花得很值。

· 经常清理冰箱。如果你总能发现变质的食物，这说明你要么不该再买
那么多容易变质的食物，要么该动嘴吃剩下的食物了。学学煲汤和炖菜。

· 买些一次性的专用抹布，这种抹布清理厨房台面、水池、镜子和咖啡
桌的效果特别好。

装修时我最喜欢的假装原则（当然，这得根据你住的地方具体的大小来说了）

· 如果可以的话，在窗户对面放面镜子。这既能反射光线，又能让房间
显得更大。

· 不要把桌子或椅子放在背对房间入口的地方。只要有可能，就要背对墙、
面向开放空间。

· 床两边都要留下空间。床两边都放上一个小床头柜，以备有人跟你同住。

· 不要把卧室搞得脏乱，至少在眼睛能看到的地方要保持整洁。不要摆
出太多的书、成叠的纸或者一堆一堆的衣服。卧室应该是种祥和、平静、
干净和使人放松的空间。

- 接着上面这点, 卧室里的表都该静音(嘀嗒声不算)。如果是电子表, 对比度要调暗一些。
- 如果你确实有小堆乱七八糟的东西, 别把它们放到镜子边上, 因为镜子会让它们显得大出了两倍。
- 如果你和我一样, 养不活任何花花草草, 那就弄一些仿真的假花吧(用我哥们儿的说法, 那叫仿花)。这些东西能为房间增添色彩, 让屋子温暖起来。
- 严格区份工作区和休息区。举个例子: 我不会把电视放进卧室, 因为我的卧室是静心思考、写日记、读书和睡前放松的地方。
- 我还定下了"不许在床上用笔记本电脑"的规矩。事实上, 我特意不在家安装无线网络, 就是为了把家里能上网的地方局限在客厅。

毕业生的建议

试着和男性女性都做室友。这是一个让人成熟的好办法, 能让自己学会如何与不同性别的人合作, 而且还有可能遇到未来的伴侣, 或者得到这方面的建议。如果情况不妙, 立刻脱身。搬家也许看上去很痛苦, 但绝对值得。

——亚当·M, 斯坦福大学

我来扮演一下算命师, 预言一下你和未来的室友之间的关系。就"生活在一起"做一次开诚布公的交流, 剩下和就靠自己的直觉了。另外, 以下是我从自己的惨痛经历中得到的教训: 一定要让公共区域比自己搬进来前更干净; 如果你是个慷慨的人，无论正在做什么好吃的，都让室友尝一尝；尽早交清账单。我们经常不重视小事，可就是因为小事，要么让室友成为好朋友，要么让你和一个形同陌路的人共同生活在一所房子里。

——伊芙·艾伦伯根，宾汉姆顿大学

总有一天，你不能再像大学生那样生活了。上大学时，很多人已经习惯了低于平均标准的生活环境，我指的是客厅放着草坪椅或者没有餐桌这样不伦不类的环境。买些真正的家具（不是自己动手组装的那种），然后像个真正的成年人一样生活。当你终于知道自己不必再住在大学宿舍那样的环境，你也不想再住在那样的环境中时，会很兴奋。

——莎拉琳·哈特维尔，犹他州大学

每年初跟室友商定一些基本规则。做家务有没有固定安排？如果男／女朋友经常借住，他们是否要分担水电费？最晚到几点就该让一起玩的朋友离开了？在问题发生前，这些规则就能解决它们。尤其当你和一群人住在一栋房子里时，这就更重要了。

——特蕾莎·吴，加州大学圣地亚哥分校

深度探索：解决衣物混乱问题的小窍门

我不知道大家情况如何，反正我经常穿的衣服只占衣柜里所有衣服的三分之一。这应该是普遍现象。以下是让我避免每年重新收拾衣柜的三个方法：

在衣柜里放个捐赠箱

　　每天有时间就整理整理，或者每次试衣服时把自己确定不会再穿的衣服放进去。箱子装满后，把衣服送到慈善机构捐出去，这样还能得到退税优惠。别忘了对自己的捐赠物品做个记录，要么列个清单，写明捐赠衣物明细和价值，要么在捐赠前把所有衣物铺在桌子上拍照。

试试这个规则：不要再买新衣架了！

　　是不是每次衣架不够用时，你都会出门买更多的衣架？如果你不抽时间清理衣柜，你就会发现自己没完没了地买衣架。有了"不买新衣架"的规定，如果你买了衣服想挂起来，那就必须清理衣柜里的其他衣服了。（最难的其实是要遏止自己把所有东西塞进抽屉里的冲动。）

在衣柜里开辟一块"缓刑专用地"（或者专门留出一个抽屉）

　　有些衣服是你舍不得扔掉的，至少暂时舍不得。时不时检查一下这块专用地或者抽屉，如果有些衣服已经两年没穿了（如果你真的下定决心清理衣柜的话，那就把时间缩短到 1 年），那就把这些衣服放进捐赠箱好了。

深度探索：寻找合适的室友

　　不管你现在是自己住还是跟别人合住，总会有需要找新室友的时候。寻找新室友前，仔细想想自己究竟想找什么样的室友。

关于要找什么样的室友，你该问自己这几个问题

- 性格要求
- 爱干净程度
- 社交活跃程度（从来不在家，还是天天带朋友回家）
- 对宠物、吸烟和异性合住的态度

你或许想问未来室友的问题

- 工作、职业，年龄
- 平常是怎么度过工作日的？平常又是怎么度过周末的？
- 你有什么爱好、兴趣？
- 你喜欢上一个室友的哪些方面？
- 对于现在这个居住环境，你有什么期待？
- 你是夜猫子还是晨型人？
- 你对访客有什么看法？你会经常邀请人来家里玩吗？
- 你现在正在认真地谈恋爱吗？如果正在认真交往中，你估计对方会在这里待多长时间？
- 你对环境的干净程度大致有什么要求？你如何打扫房间？
- 你喝酒和抽烟的频率如何？
- （考虑要求对方提供上一个房东的推荐信）

深度探索：打扫卫生的捷径——闪亮的水池

以下引言出自 FlyLady.net，这是一个关注打扫卫生、房间整洁程度以及居家整理的博客。博主大力提倡"每天抽出 5 分钟，把厨房和卫生间

水池擦得闪亮"。

即便其他什么都不做，这种做法也能让你的水池（以及水池所在的房间）给人留下一种闪亮而干净的印象——这也能转移访客的视线，让他们不会关注你没时间清理的其他地方。这么做还能给你带来成就感，也许还能激励你再花 5 分钟把其他地方收拾干净。

FlyLady 说

> 这是你要做的第一件家务。很多人大概不理解，为什么我会要求你先刷完水池里的脏盘子，再把水池清理得干净整洁。因为我们还有很多事情要做。原因再简单不过了，我希望你能拥有一种成就感。我只想让你露出笑容。第二天早上起床后，第一个跟你打招呼的就是干净的水池，你可爱的脸上会露出微笑。我知道看到厨房水池时那种感觉有多好。所以说，这就是我每天早上送给你的礼物。就算我不能在现场拍拍你的后背，我还是想让你知道，我真的很为你感到骄傲。快让自己的水池闪亮起来吧！
>
> ——FlyLady.net

你可以买到很多种抹布——多功能抹布、木制品抹布、瓷砖抹布，还有玻璃抹布。这些东西很便宜，清洁水池和厨房台面上的效果也特别好。在厨房和卫生间水池下面专门放一个装抹布的桶，不到 5 分钟，你就能清理干净水池里的牙膏和水渍，把水池擦得亮亮的，让厨房和卫生间焕然一新，这种改变太美好了！

✕ 练习：清理杂物

这个练习能帮你确定房间里哪个区域需要来一次彻底的大扫除，还能给你带来开始打扫的动力。

你觉得房间里哪个区域最乱、最没条理？那里现在是什么状态？

个人例子：我的咖啡桌。上面也没有特别杂乱的东西，但总是堆着报纸、杂志、书、账单，还有遥控器。

....

....

....

是哪些因素或行为导致这样的杂乱？

个人例子：下班回家后，我会把所有邮件和报纸都扔到咖啡桌上。一周后，我已经看不到桌面了！

....

....

....

一次性清理干净这个区域需要做什么？你觉得需要花多长时间？你能做什么让清理过程变得更有趣，或者完成后给自己什么奖励？

个人例子：我会花上 30 分钟把桌子上的纸张分类、填写所有账单、清理所有东西、规整好杂志。清理干净后，我会买一本新的休闲读物奖励自己。

未来你会做哪些事，避免这个地方再次变得杂乱？

个人例子：我会在门口放一个文件箱和一个垃圾桶，这样各类报纸和纸片在抵达咖啡桌前就能找到"新家"。我还会买一个漂亮的桌上装饰品，这样咖啡桌上放杂物的空间会变得更小。

这个地方保持整洁，生活空间的氛围发生了怎样的变化？

个人例子：下班后在客厅休息时，我觉得更放松了。我不必再面对一堆需要清理、阅读和处理的账单、报纸。

现在，你没理由再逃避清理工作了。你已经找到了房间里最需要清理的区域，知道怎么才能彻底把这个地方打扫干净，也知道了保持干净整洁的办法，最后，还得到了保持干净整洁的动力。

就像养成其他习惯一样，保持这个区域干净整洁也需要不断练习，不过随着时间推移，这会变得越来越轻松。就算心里有回归旧习惯的冲动，但试着让这个地方保持一周整洁，看看自己会有什么样的感觉。要我猜，这能让你的心灵更平静，你自己都想不到的平静！

✗ 练习：有创意的生活

把租住的公寓打造得像真正的家一样，需要很多努力，而且很费钱。不过想想你打算营造并且感受的居住氛围，通常你都能找到省钱的改造方法，并且只需付出最少的精力。以下几个问题，能帮你想象出将自己的住所打造得更有个性的方法。我建议买一本最新的家装杂志（或者看家装电视节目），记下那些让自己心动的创意。

走进自己的房间或者公寓时，你想得到什么样的感受？

例子：充满灵感、富有创造力、放松、充满活力、有趣、像禅一般宁静。

你最喜欢的颜色、织物质地和形状是什么？

暗色还是亮色，明亮还是柔和，柔软还是质感，圆形还是有棱角？现代还是传统？有图案还是纯色？

如果可以为每个房间花大价钱买一件东西，你会买什么？

卧室：_____

客厅：_____

其他房间：_____

你最喜欢哪些异域风情？最喜欢什么纪念品？

例子：海滩、摩洛哥、日式花园、市场上买来的小首饰（尤其是舞者戴的那些）。

哪些曾经去过的地方是你最喜欢的（包括酒店、小旅店、青年旅社，还有朋友家）？哪些地方让你觉得很特别、很有吸引力？

例子：颜色明亮、装修整洁的现代酒店，舒适的床和丰盛的早餐让我有一种回到家的感觉，但装潢又不老旧、浮夸，最喜欢摆着暗木色家具和鲜艳颜色的大书架的房子。

将想法付诸行动：怎样才能让自己的房间更接近以上的想法？

例子：把我的卧室墙面刷上更自然的颜色（现在是焦橙色）；买回好闻的香烛；找一个颜色鲜亮的枕头，或者一件好家具；多挂上几幅画（就算是便宜货也无所谓）。

1. _____
2. _____
3. _____
4. _____
5. _____
6. _____

4
Chapter

来自推特的建议

如何最大程度利用自己的居住空间？有哪些和室友相处好的建议？

@TandoorKnight：多花点钱买个好床垫，添置瑜伽球和哑铃，学会做些简单的饭菜，打扫卫生＝修禅。

@kristenbyers：找房子一定要坚持不懈。找房期间，最好能借住朋友或亲戚家，这样就不会太着急了。

@Steve_Campell：不要因为鸡毛蒜皮的小事生气，你和室友还会为更大的事情吵架。

@SJOgborn：别把卧室变成办公室！到别的地方办公。卧室就是用来睡觉和放松的地方。

@laurenkgray：给室友留下属于他们的空间。就算是最好的朋友也需要时间独处。互相尊重，用别人东西前，一定记着要征得同意。

人生金句

擦窗户的戒律：重要的是另一边。

——佚名

在家的时候我很高兴，但房子远不及住在里面的人重要。

——南希·里根

装修自己的房子。这会带来一种幻觉，让你觉得自己的生活比实际更有趣。

——查尔斯·M.舒尔茨

想改变世界的人，要从刷碗做起。

——保罗·卡福尔

家务活是你做的时候没人注意，不做的时候就有人关注的事情。

——佚名

财富过多的现象是存在的。拥有一块表的人知道时间，拥有两块表的人对时间就不那么确定了。

——李·西格尔

事物的美存在于仔细观察者的心中。

——大卫·休谟

我们不需要权力或豪宅，不需要宽大的客厅或气派的穹顶，真、善、美才是家的财富。

——萨拉·J.黑尔

📕 推荐阅读

《150 个最佳公寓装修方案》
安娜·G.卡妮扎瑞斯

《穷人设计指南：用 1000 美元预算实现高端设计风格》
HGTV，艾米·丁切尔－杜里克

《室友规则：重夺个人空间和理智的终极指南》
玛丽·卢·波德拉西亚克

《消除混乱：管理家居和生活的 10 步计划》
劳拉·李斯特，亚当·温特拉布

《任务：管理——清理杂乱的策略和解决方法》
HGTV，艾米·丁切尔－杜里克

《简洁地整理：应对每日杂乱生活挑战的现成指南和数百个解决方法》
唐娜·斯马林

《真正简单的解决方法：简化每日生活的窍门、智慧和简单的想法》
《真正简单》杂志编辑部

《真正简单：有条理的家》
《真正简单》杂志编辑部

《时尚宣言：活在自己的设计中》

凯丽·麦卡锡，丹妮埃尔·拉波特

《卧室风水学》

克莱尔·英格伯特

《风水学的傻瓜指南》

伊丽莎白·莫兰，大师约瑟夫·俞

Chapter 5
有条理地生活：
秩序即是力量

> 只有在生活中稳定而有序，才能在工作上凶狠而独到。
>
> ——古斯塔夫·福楼拜

如果能将生活安排得井井有条，那么你的人生无疑会轻松很多。你会更清晰地思考，因为你不再那么健忘，你会觉得自己更有效率，能完成更多的事情。当生活变得混乱时，最先消失的通常是信任的能力和分析的能力。这些方法能帮你创造一种有秩序和清晰的感觉，这样你就能把精力集中在重要事上——比如那些最优先要做的事，然后平静、理智地完成这些大事。

有秩序地生活，重要的是不拖延，也就是迅速地做好每件事。随手清理，文件出现时立刻解决，集中做完细碎的工作从而节省时间。如果你在生活中有一套合适的体系，而且致力于每天解决一些问题，你就会感到自己的生活更有条理，也能在环境中得到平静。

本章包括以下内容：

◇ 创造一个体系，管理诸如预约见面、生日、账单和文件等内容

◇ 保持联系信息管理有序、易于查找

◇ 保护自己的电子文档

◇ 管理好自己的时间，实现常规工作的自动化

◇ 捕捉创意和灵感

詹妮的忠告

简便的归档体系是快乐、有序生活的关键

· 在不同的管理平台建立不同的标签，比如浏览器书签、电脑文件夹、纸质文件夹和邮件归档文件夹等。这么做的好处是，无论文件格式如何，你都知道在哪里能找到自己需要的东西。

· 给纸质文件"安个家"。买一个便携式文件盒，把账单和重要的文件放在里面。以下是几种重要文件，你可以从这里开始着手：收据和大件商品的保修单、医疗记录、汽车相关单据、水电费、信用卡账单，及银行对账单、旅行消费清单、投资及税务文件。

· 给文件夹贴上清楚的标签，这样当你需要重要的纸质文件时，你就能及时找到它们。买个标签机是不错的选择。

· 一个将文件管理整齐的小窍门：用牛皮纸夹保存文件。把所有塑料标签统一放在文件左边或右边——找文件时一目了然。

· 如果你还没养成在账单和文件一出现就"解决"它们的习惯，那就准备一个"预分档"文件夹，每月清理一次。

· 水电费清单、银行对账单和工资单存根只保存1年，1年之后全部销毁、扔掉。留下重要的收据、退税文件和医疗记录。

在网络和电脑日渐成为生活主流的世界里，管理并且保护电子文件变得前所未有的重要

· 移动硬盘必须买，数据备份必须做！照片、音乐、文件，所有都要备份。为自己设定一个循环提醒，一个月备份一次，或者按照其他适合你的频率进行备份。你绝不会后悔的。这大概会让你花上一笔不小的钱，但换回来的是安全感。想象一下，如果你的电脑死机了（或者被偷了），你的所有数据都没了，那种感觉该有多崩溃。

· 小心垃圾电子邮件（无论标题是乱码，还是你不需要的新闻邮件）。如果你收到了一封自己不想要的邮件，立刻取消订阅，并且删除这封邮件，省得将来一遍又一遍地删除同样的垃圾邮件。

· 如果你还没做好彻底取消邮件订阅的心理准备，至少在收到第一封邮件后做好过滤分类，这样将来再收到同一来源的邮件时，你就不用再逐个儿进行标签归档了。

用网上日历规划自己的生活

· 创建一个在线日历追踪自己的预约，设立闹钟提醒。总之，毕业后做什么都得先人一步。我用的是谷歌日历，因为它和我的 Gmail 信箱是联通的，我可以轻松地和家人、朋友分享事件（或者全部日程计划）。

· 除了追踪每日行程，你还可以把日历应用在：设定每月提醒，提醒自己交房租、付账单；设定预约提醒，安排和别人的预约见面活动。

· 对生日或其他值得纪念的重要日子（比如结婚纪念日），设定 1 年 1 次的定期提醒。

· 设置系统每天给自己发送日程安排的短信或电子邮件，以便在特殊日子前得到提醒。

其他窍门和技巧

- 出门在外，随身带着笔记本，以便能随时记下自己的想法、别人的联系方式、购物清单还有待办事项等等。我可是拿着自己心爱的黑色小本本起誓的啊！

- 把衣物打包进小行李箱的窍门：把衬衣和内衣卷起来，塞进鞋子里或者其他缝隙中。卷起衬衣还能避免衣服出现褶皱。

- 在汽车后备箱里放一个汽车应急维修工具包，里面装上纸巾、道路照明灯、工具箱、跨接电缆、瓶装水、锡纸包装的能量棒小吃，还有一桶机油。车上常备零钱，以防不小心走上收费公路，为停车咪表预留硬币也是很必要的。

- 汽车后备箱里再预留一个小箱子，里面装上毛毯、换洗衣服（为了锻炼或者紧急情况预备），还有运动器材（比如网球拍、足球或者飞盘之类的）。

- 看杂志时，在自己喜欢的文章那一页折个角。处理过期杂志时，撕下自己喜欢的那页，装订起来，或者放进文件夹，便于以后阅读。

- 卖掉自己再也用不上的书（或者跟朋友交换）。你还可以看看BookCrossing.com，这是一个能让你寻找并且和别人分享图书的网站。

🐟 深度探索：想取得更多成功，并且在工作／生活中得到更多平衡，学会分清主次

很多时候，我们都没能激发出自己的全部潜力，这是因为我们没有分清主次，或者说根本没有分清主次的能力。当待办事项太多时，这种情况就会经常发生。我们一般会先完成最简单或手边的事（比如查收电子邮件），而不是更有策略地规划行动，来让自己能够真正前进。这就好像在比赛中

永远防守，而不转换到进攻，比赛当然还能硬撑下去，但也无法再得分。

我猜很多人都会狂点电子邮箱收件箱的"刷新"键，以此逃避那些更重大、更有难度的工作，或者逃避人生目标。不过每天花几分钟，分清事情主次，你就能把压力最小化。

重新对事件进行优先排序可以帮到什么样的人？

- 想在职场上拥有更大的影响力的人。
- 希望人们欣赏自己工作成果的人。
- 自觉已经被电子邮件和会议安排"淹没"，总是被动做出反应，或机械地进行工作的人。
- 想拥有更多私人时间的人。
- 希望业余时间过得更有意义的人。

关于事件优先排序，其实只回答一个基本问题就可以了：哪件事对我的工作、生活、事业、成功、经济和感情产生的影响最大？

以下是这个问题在工作和生活中的实例（我留出了让你独立思考的空间）

影响和发展

我自身哪一两个关键的改变，或是哪一两个方面表现的提高，会对我的发展，以及我对团队 / 公司的贡献产生最大影响？

1. _____
2. _____

事业管理：

哪一两个任务对决定本周我事业的成败是最关键的？

1. ....
2. ....

工作 / 生活平衡

日常生活里，哪三件事最重要？

1. ....
2. ....
3. ....

幸福

我能做出什么改变，对我的幸福产生最大的影响？

....

我们都知道，电子邮件、会议和繁忙的工作可能填满一天 24 小时。成功人士并非事必躬亲地完成每一项细小琐碎的任务，或是完善了自己的每一个弱点。

那些取得成功的人，他们会把自己的时间和精力集中在能带来最大影响、最重要的事情上。学会对其他事情说"不"或者"你可以等等"。就像老话说的那样，"更聪明地工作，而不是更勤奋地干活"。

深度探索：井井有条地工作

我在那个刚起步的公司任职时，那里流传着一个段子，说我能阅读别人的思想，说我"身体里藏着 5 个詹妮"（我觉得这得归功于我忍者般的组织管理技能）。我只能说，发现或者创造新的管理技巧是我的激情所在。

尽管如此，我还是有很长一段路要走。我不可能掌握所有个人管理和效率的技巧，对我来说，这永远是学习的过程（随着生活越变越复杂，更是如此）。我希望你能从以下对我来说有用的体系中找到一些价值。

日程安排

谷歌日历——我有三份可以同时查看的日历：一份工作日历，一份私人日历，还有一份生日日历。在生日日历中，我会在某人的生日当天设置全天事件，这样提醒就会一直出现在日历顶部，而且是每年重复出现。对于特别重要人士的生日，我还会设置了提前一天或一周的邮件或短信提醒。

预约表格——我利用这个表格追踪医疗和汽车保养预约。除了记录"上一次预约"或"下次预约时间"外，我还会在每一项里附上重要的联系信息（完成本章最后的练习，创建属于你的表格）。

电子邮件

收件箱——我把自己的电子邮箱改造成了"待办事项清单"。我不赞同"清空收件箱"的做法，因为这意味着要把还没完成或者还没回复的邮件清理掉，以保持收件箱的干净。完成一项工作后，我会把邮件归档。如果我知道自己一时半会儿不会完成某项工作，我也会把邮件归档，但是会把工作加入"待办事项清单"。

激活 Gmail 里的"超星"功能——"超星"功能可以让你用不同标志对电子邮件进行标记。当我需要回复某人时，我会在邮件前加个星（而不是设置任务或者读新闻），当我觉得自己回复迟了，就会在邮件前加上一个"超星"和一个感叹号。

标签——我会保证邮箱里的标签、电子文档的名称以及谷歌书签里（使用谷歌书签能让我在任何电脑上都能使用相同的书签）的分类一致。我会在重要的标签前先标上数字（比如 1– 家人）。

记录想法、笔记和工作任务

小笔记本——我会随身携带一个私人笔记本，记录周末计划、购物清单、博客选题、联系人信息，以及其他需要随手写下来的东西。

工作笔记本——我主要用这个笔记本来记录会议内容，这样就不会因为笔记本电脑而分心。新的一周开始时，我会在笔记本封皮上贴一张大大的便利贴，然后在中间画一道线，左边列出需要优先完成的工作，右边列出个人计划。一周过完，或是完成所有工作后，我会把便利贴放进笔记本里，再标上日期。（TeuxDeux.com 也能很方便地帮你追踪一周工作安排。）

在线待办事项清单——我用的是 Todoist.com，这是一个非常好用的在线工具，让我能根据项目不同对工作进行分组。当我忙不过来，或者做一项非常复杂的工作时，我就会使用这个工具。我还利用它追踪长期工作计划，或者没有确定最后期限的工作。除此之外的其他工作，只需一支笔、一张纸和一张便利贴，我就能安排好。

其他网上"收集"清单

谷歌文件——我利用谷歌文件收集各类信息。比如：名言佳句、订阅邮件、工作灵感等。每一类信息都有各自的文件夹，所以查找资料非常方便，也很容易储存重要信息。最方便的是，所有东西都在一个地方（而不是被掩埋在我的邮箱收件箱里）。

以后再读的资料——电子书或者其他长篇幅文章，我会给把它们标上"以后再读"标签。

（大家可以在 Delicious.com/jennyblake. 上查看我的书签。）

其他离线"收集"清单

一个标签为"待归档"的文件夹——当我实在懒得把账单和文件归档时，我会把所有东西放进这个文件夹里。当"待归档"文件夹越来越大时（差不多积累了三个月），我会一次性清理里面的文件。

床头和前门上的便利贴——作为对第二天待办事项的提醒，我在家里的好几个地方都准备了便利贴。

钥匙盘——简单，但却实用的方法。我在前门门口的书架上放了个盘子，用来存放钥匙。就是因为这么做，我的钥匙从来没丢过（直到我忘了带钥匙把自己锁在门外为止）。

该你了

开动脑筋，想出一些管理组织技巧，帮助自己更好地应对以下问题。

1. 管理自己的日程

2. 管理电子邮件收件箱

3. 管理账单和文件

4. 储存重要的信息或想法

5. 在忙碌中记录想法和灵感

深度探索：搭建合理的关系网体系

当你和别人联系时，搭建社交关系网是一件很有意思的事。一个能够有效支撑这些联系的体系也能给你带来极大的帮助。当我参加完社交活动后（对于网络上的朋友，直接跳到第三步），我一般会按照以下 5 步行事：

1. **整理名片**，把名片上的人加入自己的社交网络。我把所有名片放在名片夹里，外面有特别的保护层，里面每张名片都有各自的隔层。我建议在名片后写上对这个人的一两句具体描述。

2. **确定可以继续联系的人**。在任何活动中，一般都会有两三个人我愿意继续联系。我会把他们的名字写进自己的社交关系网表格，这个表格用来记录我希望继续联系的人。这样做，我就不必再去翻他们的名片了，他们的信息很容易就能在网上获得（还能储存在一个地方）。将来我能随时查阅信息，就算长时间没联络，我还可以给对方留言。

3. **把需要继续联系的人写进待办事项清单**。我的待办事项中有一个分类，就叫"社交关系网"。我会建立一个任务，把自己愿意继续联系的人的邮箱地址写进任务里。就像我的人生指导露丝 – 安说的那样，"如果没有安排，任务就不可能完成。"

4. **打电话**（用手机或者 Skype 网络电话）。这是最有意思的环节！

5. **再发一封感谢邮件**（如果我们提到"电话联系"，我会在计划表里添加标签注释）。

深度探索：每个人都需要一个 "值得保留" 文件夹

　　这也许是句废话，每个人不都是这么想的吗？但这件事太重要了，我觉得我有义务提醒你。

　　所谓"值得保留"文件夹，每个人都需要这么一个夹子。什么东西"值得保留"？当你看到时，你就明白了——或许是一封邮件，或许是一条推特，或许是其他能让你开怀大笑的东西。它们能让你一天、一周、一个月都保持好心情。"值得保留"的东西就像金子，永远不会丧失价值。你会知道什么是"值得保留"的，因为每次读到这些内容时，你都会充满活力、充满自信，并且心怀感恩。

　　"值得保留"的内容需要一个家。它们是你努力工作的证明，是你影响力的证据，或者只是让你开心的东西。几年前，当我开始培训谷歌新进员工时，我开始保存"值得保留"的东西（感谢另一个更有经验的同事）。收到新邮件后，我会注上"值得保留"的标签，等待心情不好需要提振精神时，我会仔细读一遍这些内容。

　　现在我摸索出了一套更有效的体系——每次发现"值得保留"的内容，我就会把内容复制粘贴到谷歌文档里，同时标注上这些内容出现的时间。哇哦，一套全新而别样的体系能带来巨大的不同！翻看电子邮件实在有些麻烦了，而翻看谷歌文档就像边喝咖啡边看书一样轻松。

　　我不会为了满足虚荣心而去读这些有意义的内容，我也不会经常重阅读。当我需要提醒自己，我曾为别人的生活带来了什么改变，或者有哪些成就值得自己骄傲时，才会读这些内容。当我忘了自己有多幸运时，我会读这些内容。我觉得你也该保留一份"值得保留"的内容，就当帮自己一个忙。

毕业生的建议

当我养成每天抽出 15 分钟做某件事的习惯后，我感觉特别好。无论这 15 分钟是用来打扫卫生，还是清理杂乱的房间，还是用来规划自己的生活，都能让我快乐起来。

——J.M.，詹姆斯·麦迪逊大学

一次只做一件事。关掉网络聊天和网络电话，完成工作前，禁止自己浏览 Facebook、Youtube 或者 Hulu 这些社交类网站。除非自己主动检查，你也应该关掉电子邮件。睡觉前，把一张纸折上两折，写下第二天你要完成的 5 到 10 件事。直到做完这 5 到 10 件事，否则不要上网。

——简·洛阿扎，加州大学洛杉矶分校

我的优先排序体系：72 小时内搞定一切接手的新工作。如果需要的时间超过 72 小时，那就把工作拆分成小部分。拖延耽误的时间越多，你实际工作的时间就会越少。

——安德鲁·威茨曼，塔尔萨大学

什么对自己有效就做什么。我喜欢保留一份清单，先去完成最重要或者最有挑战性的事情（当我效率最高或者头脑最清醒时）。这能为一整天的工作生活定下基调。你也可以每天早上先完成一些简单的工作，通过减少待办事项逐渐热身，最后完成当天最重要的目标。

——莱恩·斯蒂芬斯，德州路德大学／德州农工大学杂志太多了？按照不同的分类收藏吧！比如说，家庭装修、菜谱等等。这个方法让我的杂志不再堆积如山。

——梅根·S，韦斯特蒙特大学

深度探索：一个环游世界的自由职业者给出的时间管理小窍门

作者：ExileLifesryle.com，柯林·莱特

作为一个创业者和环球旅行者（每四个月我会在新的国家创业，目的地由我博客的读者投票）。无论何时，我都有很大的野心。想保持这样的野心不变，需要极大的自律，以及更有创意的解决问题的方法。

以下是我认为的无比简单但又无比有效的三个方法。

批量处理

我会一次性把同一种类的事情都做完。所以说，如果我有电子邮件要回复，我会存到 10 封后一起写完。当我用这种心态解决问题时，就能进入"回复电子邮件"的状态，快速解决它们。这样写出来的邮件也比分开回复的质量更高。此外，用这个方法，工作的节奏也不会被打断，除了节省时间外，还能避免让你从手头的工作中分心。

80/20 法则

你要减少或者远离那些占据你 80% 时间，但却只能带来 20% 回报的工作、任务和人，而要把精力集中在能带来 80% 价值的东西上（也就是其他 20% 的部分）。在很多情况下，这意味着重大重组，但这同样也意味着，

你保留下来的工作会得到更多的关注，所以通常你会比开始时更成功。

帕金森定律

　　帕金森定律本质上是这样一个道理：完成一份工作需要的时间，就是你规定好的时间。知道这个道理后，我就会给自己设定一个最后期限，并且严格遵守这个期限。正因如此，我才能在一周里解决一个期限三个月的复杂工作。当你给自己施压并且全神贯注时，你会发现自己能做到很多事情，这种现象相当有趣。

深度探索：创造终极提醒文件

　　如果你没有办法跟踪记录不断出现的预约见面（看病或者其他预约等），每次要确定预约时间时，都会揪着头发痛苦不堪，或是根本忘了那些预约。以下的方法能帮你储存各类预约信息。（大家也可以在我的网站上找到在线模板。）

　　第一步——在 Excel 或谷歌文档中创建一个表格，从第二页开始对各种事项进行跟踪。

　　第二步——即便有了这份表格，你也很难想起那些预约时间快到了。记得在日历中为预约设定提醒。如果预约时间离现在还很久，记得在日历里设一个闹钟提醒，同时确定好下一次预约（在提醒中也要写上对方的电话号码）。

　　第三步——在电话本里记录自己的医生和牙医的电话，想搞定这些预约其实很不容易。

服务类型	公司 / 名称	电话号码	前次预约	下次预约
健康				
医生				
牙医				
验光师				
其他				
汽车				
更换机油				
维修保养				
大保养				
车胎检查与更换				
更新证件				
其他				
宠物医院				

5
Chapter

深度探索：超越待办事项清单

大家可能已经建立了个人的每日／每周待办事项清单，以下几个方法，能帮助你继续有条理地生活。

点子清单

你的想法需要一个"家"。就像戴维·艾伦在他的《搞定Ⅰ：无压工作的艺术》这本书里说的那样，我们的大脑非常善于捕捉灵感，但在储存和记忆这些灵感方面却很是糟糕。我有很多最好的点子都是临睡前灵光一闪出现的，所以我会在床头柜前放一个小本子。点子清单非常有用，就算你不想立刻付诸行动，过了一段时间后，你还可以重温过去的灵感。

大件商品清单

保留一份大件商品清单，上面都是你想买但现在还买不起的东西，或者是那些你还得再考虑考虑是否值得把辛苦挣来的钱花出去的东西。最有效地利用"大件商品清单"的方法，就是不断按照重要程度对它们重新排序，这能帮你全力为购买对你来说真正重要的东西做准备，而不是把钱挥霍在随便什么高价商品物品上面。

借据清单

创建一个表格，上面分别写清每月开支、大件商品购买记录和借据（包括别人欠你的和你欠别人的）。保存借据清单非常重要，因为这能保证你实时更新自己的财务状况，并且有详尽明细。这部分同样还可以包括你在进行的退款和还在快递途中的商品。如果你从自己的某个储蓄账户里"借"

了些钱，用来偿还信用卡卡债之类的账单，别忘了给自己写张借条！

人生目标一览表

这大概是最重要的一份清单，你的人生目标一览表记录并不断提醒着你所有大大小小的梦想，和你想做的事。（跳到娱乐与休闲这章，完成人生目标清单的练习。）

未解决的问题

爸爸和我之间有一个小游戏，名叫"放下水桶"。这其实是个类比，大脑中的一个空水桶象征着一个没有答案的问题。如果你把水桶放进大脑中的水井里（就像许愿池一样），等你做好准备时，水桶里就会带上来你想要的答案。

所以当你寻找答案或者灵感时，写下问题，"放下水桶"，答案总会出现的。这里重要的不是游戏，更重要，也是最难的其实是问出正确的问题。一旦问题被提出来了，在未来几天或者几周时间里，你会定期重温它们，你的大脑会围绕这些问题给出一些答案。把自己未解决的问题清单放在平时能看见的地方，保证自己能经常重温这些问题。

另一个有关清单的练习，目的是把生活中的麻烦转变成问题。把"我还不清信用卡账单"变成"我如何才能在 7 月 1 日前还清信用卡里的卡债？"。再举一个例子，把"我有太多会要开，有太多邮件要回复，干不了重要的事"，变成"如何分清工作任务的主次？"。

目前你有哪些未解决的问题？

✗ 练习：停下 / 开始 / 继续

停下 / 开始 / 继续这个练习可以用在生活中的很多领域中：工作、领导力、时间管理等等，这只是几个简单的例子。发动头脑风暴，想出一些你能停下、开始、继续的行为，帮助自己在家和在工作中变得更有条理。

停下

比如，留着那些用不了的笔，忽视明知自己能立刻回复的邮件，积压文件而不是立刻处理文件。

    1. _____

    2. _____

开始

比如，打开电子邮件后立刻回复（除非当时有更重要的工作要做），买一个更好用的桌上文件分类夹。

    1. _____

    2. _____

继续

比如，收到垃圾邮件后立刻删除，退订垃圾邮件或不再需要的新闻，出门在外时随身带上笔记本记录灵感。

    1. _____

    2. _____

来自推特的建议

哪种方法，能让你保持生活的条理，或者能让你更有效地管理时间？

@kristenbyers：每天工作那么长时间，当我有时间看电影、玩电子游戏或者参加其他活动时，我会保证安排好休息时间。

@freddylee：做好大计划，确认长期目标，设定每周目标，然后再设定每日目标。把所有内容都记在日历上。

@Steve_Campell：设置邮件提醒，这样就不会错过重要的事情。用在线云端保存数据，这样无论在哪儿都能查看自己需要的信息。

@positivepresent：试试格雷琴·罗宾的一分钟法则：如果你能在一分钟之内完成某事（比如推开某个东西），那就去做。

99　人生金句

一个人的富有程度，取决于他能放下的有多少。

——亨利·戴维·梭罗

一份完整而精确的任务清单，让你至少每周都能完成并且回顾工作，这是过上高效而无压力生活的关键。

——戴维·艾伦

自己决定成果和行动步骤，在大脑中为这些事设定一个提醒，相信自己能在正确的时间看到这些提醒，听从大脑的安排，轻松地生活。

——戴维·艾伦

生产效率向来不存在。它从来都是对卓越的执着、智慧的计划以及专注的努力产生的结果。

——保罗·J.迈尔

底线是如果你不用或者不需要，那就是垃圾，就该清理。

——查丽西·沃德

劝君惜光阴，时光自流逝。

——切斯特菲尔德伯爵四世，菲利普·多默尔·斯坦霍普

我们最需要的是时间，我们用的最差的也是时间。

——威廉·佩恩

时间就是生命。因此，浪费时间就是浪费你的生命，或者说，掌控时间就是掌控自己的生命。

——阿兰·拉金

别被日历欺骗了。1年能利用的时间只有那么多。一个人把1年的时间只用出1周的价值，而另一个人却能把1周的时间用出1年的价值。

——查尔斯·理查兹

关键不是花费时间，而是投资时间。

——史蒂芬·R.柯维

如果你想充分利用自己的时间，你就必须知道什么是最重要的，然后把一切都投入到这些事情上。

　　　　　　　　　　　　　　　　　　　　——李·艾柯卡

仅仅忙碌还不够，蚂蚁就是这样。问题是，我们到底在忙什么？

　　　　　　　　　　　　　　　　——亨利·戴维·梭罗

除非你重视自己，否则你不会重视自己的时间。除非你重视自己的时间，否则你什么也做不了。

　　　　　　　　　　　　　　　　　　——M.斯科特·派克

一个能带来成功的有价值的工作，和50个完成了一半的工作有着同样的价值。

　　　　　　　　　　　　　　　　——马尔科姆·S.福布斯

花太长时间考虑一件事，通常导致什么也做不了。

　　　　　　　　　　　　　　　　　　　——伊娃·杨

你永远也"找不到"时间。如果你想要时间，你必须充分利用时间。

　　　　　　　　　　　　　　　　——查尔斯·巴克斯顿

别说你没有足够的时间。你每天得到的时间，和海伦·凯勒、巴斯德、米开朗琪罗、特蕾莎修女、达·芬奇、托马斯·杰弗逊以及阿尔伯特·爱因斯坦一样多。

　　　　　　　　　　　　　　　——H.杰克逊·布朗

推荐阅读

《搞定 I：无压工作的艺术》
戴维·艾伦

《高效能人士的七个习惯》
史蒂芬·R.柯维

《为成功而管理：顶级管理人员及 CEO 透露帮助他们达到巅峰的管理原则》
斯蒂芬妮·温斯顿

《搞定 II：提升工作与生活效率的 52 项原则》
戴维·艾伦

《少的力量：越简单越厉害的工作生活双赢法则》
里奥·巴伯塔

《吃掉那只青蛙：拒绝穷忙，把时间留给最重要的事》
博恩·崔西

《战胜拖拉：战胜拖拉就是战胜对未来的恐惧》
尼尔·菲奥里

《生活黑客：为每天加速的 88 个实用窍门》

吉娜·特拉帕尼

《升级你的人生：更聪明、更快更好工作的生活黑客指南》

吉娜·特拉帕尼

《整理人生》

里贾纳·里兹

Chapter 6
朋友和家人：
那些最稳固的支持者

> 如果遇到一个人，我却无法从他身上学到东西，我就知道自己失败了。
>
> ——乔治·H.鲍尔默

大学时我们身边会有很多朋友，不过毕业后，很多人周围就只剩几个朋友了。无论你在工作或生活中取得多少成功，如果没有人可以分享，那乐趣就少了一大半。朋友（如果幸运的话，还有家人）是你的安全网，是你的支持体系。当你跌倒、遭遇挫折甚至崩溃时，他们会扶你站起来。他们会骄傲地和你一起庆祝你的成功，好像取得那些成功的是他们自己一样。

如果没有家人，我们又会在哪里呢？可以肯定的是，我们的生命都不会存在。无论经历过快乐还是痛苦的时光，我们的家庭将我们塑造成了现在的自己。世界上不存在完美的家庭，无论你怎么想，你的父母也是普通人。通常来说，直到上大学以及大学毕业后，我们才会意识到照顾一个人（比如我们自己）是多有难度的一件事，更别提养活一个家庭了。

本章包括：

◇ 留住老朋友

◇ 与新人接触，结交新朋友

◇ 承认重要的友情在我们生活中的作用

◇ 和家人建立并维持强有力的联系

6

Ⓙ 詹妮的忠告：朋友

大学毕业后维系友情需要付出努力

· 大学毕业后，努力找机会看望自己的朋友——尤其是那些去了新城市却难以适应新环境的朋友。这对他们有着很大的意义。

· 对于那些有段时间没联络的朋友，要信任他们。别把什么事都太放在心上——他们缺乏存在感，或者没怎么联系你，可能不是你的原因。

· 如果自己太忙，或者压力太大，就把社交活动和其他想做的事结合在一起，比如运动、聚餐，或者处理杂事。这些事很有可能也是你的朋友们想做的。

· 发电子邮件和 Facebook 站内信联络感情很不错，但是对于那些你特别关心的人，打电话其实是更好的选择。如果有时间，还是应该面对面交流。

· 如果同自己关心的人保持联系有困难的话，根据大家的日程安排，定期跟他们聚餐。

· 只要能做到，节假日尽量回家。这是和很多老朋友叙旧的最好机会。

· 如果你和某人总是互相错过彼此的电话，那就像安排开会一样好好打一次电话。这听起来也许很荒唐，但却非常有用。

· 为关系最亲密的朋友们建一个电子邮件链，附上他们生活中发生的大事件清单，让朋友回复你，再要求他们也做同样的事。我的老师林把这称为"头条新闻"，她甚至把它变成了一个游戏，看自己能不能把生活中发生的事情总结成一个个朗朗上口的标题。比如，我的其中一个清单是这样写的："布雷克出了一本书，除了她的父母，她现在又多了一个读者！"

· 每年固定一个时间和老朋友安排一次周末度假聚会。连续一两年这么做之后，人们就会提前做好准备，你对这个聚会也可以有更多的期待了。

结交新朋友需要付出更多努力，可人生就是因此才会有趣

· 大学毕业后，结交新朋友会变得比较困难。制订一个交友计划，就像求职或者实现其他人生目标时制订计划一样。

· 列出一个清单，梳理在生活、工作中结交新朋友的方法：比如做义工、加入当地运动队、加入社交团体或校友组织。（参考本章最后的练习。）

· 大学毕业后结交朋友，重要的是跨圈子交往。把自己的朋友介绍给朋友的朋友，让朋友们也这么做。

· 如果你从来没开过派对，现在你的机会来了！在你家里小聚一下，准备一顿便饭或者组织一个活动，这能丰富你的社交生活，同时也是跟很多人叙旧的好机会。

· 如果你搬到一个新地方，就去当地较繁华且客流量大的地方，比如咖啡馆。

· 虽说社交遇到尴尬时我们可以随时退回到自己的"安全地带"，不过不要一直低头玩手机。如果你和周围的人进行眼神接触，并且表现得对周围环境更有兴趣时，你就显得更容易接近了。

· 面对那些正在适应新环境的人，要包容一些。要知道，他们也许在接触新环境、结交新朋友时遇到了困难，我们应该包容他们。

· 把结交新朋友视为逼迫自己脱离"放松区"的机会：和陌生人聊天、

对刚刚见面的人表示友好、学会享受闲聊的乐趣。

- 别忘了，刚开始和陌生的人聊天时，大多数人跟你一样害怕。开始一段对话前你要知道，其实最糟糕的状况，不过是话不投机。最好的呢？你交到了新朋友！

人总会改变，朋友也是如此

- 有时候你们会一起成长，有时候你们会分别成熟。尽量让每一段友谊保持最佳状态。
- 尽量留住那些对你来说重要的东西，但是对于友情，有时候你不得不放手。
- 如果生活中有人总是让你失望，面对面真诚沟通也无效，不管是不是朋友，还是向前看吧。
- 对于朋友取得的成绩和成功，不要吝啬自己的赞美。
- 对朋友要宽容，你也不是完人。
- 当朋友遇到困难时，你不用为了表达支持而非要说出"正确"的话。有时候，只要让他们知道你在身边，静静地听他们倾诉就够了。
- 别当正能量吸血鬼！每个人都会有过得不好的时候，千万别做那个不停抱怨、把自己的问题都"倾泻"给别人的那个人。
- 有事情让你不爽时，应该诚实地对朋友说出你的困扰。真正的朋友会倾听你的心声，并且努力做出回应。
- 人无完人，尽量不要因为你觉得朋友犯了错而对他们做出评判。也许有一天你会震惊地发现，你曾经尖刻批评别人的问题，如今就发生在自己身上。要有同情心，别去批评别人，当朋友陷入困境时，支持是你能给予他们的最好的礼物。
- 不过，当你发现朋友正以身犯险，或是自我毁灭时，还是应该大胆说出来。如果你不说，还有谁能说？如果你真的关心对方，有时候说出令人痛苦的事实，其实是最好的选择。

朋友是终极支撑系统

· 我们的朋友也许不完美，但是多花些精力，用心培养感情。多花些精力，他们真的可以像家人一样。

· 必要时，依靠朋友，寻求他们的帮助——别忘了当你帮助了对方时，那是一种多么美好的感觉。让你的朋友也有机会帮帮你。

· 每天都让一个人开心。发一封友好的电子邮件或者短信，让你生命中的其他人知道你在想着他们。

· 对朋友，要经常赞美和夸奖（只要你是真诚的），经常表达自己的感激。当我们摔倒时，他们通常是最先扶我们起来的人。所以说，即便站得好好的，也别忘了谢谢他们。

Ⓙ 詹妮的忠告：家人

· 要知道，想真正像成年人一样独立生活需要付出很多努力。找些时间好好感谢父母在养育你的过程中付出的艰辛和努力。

· 经常给家人打电话。他们会很高兴知道你在做什么。

· 原谅父母曾经的错误。要知道，在抚养我们长大的过程中，他们已经付出了最大努力。

· 告诉家人，你爱他们。让每一次互动交流都变得重要。人生苦短，享受和家人在一起的时光。

· 你无法选择家人，但你可以选择耐心，可以选择爱自己的家人。

· 问自己的父母，他们人生中最大的教训是什么。他们从各自的工作、
感情和生活中学到了什么。

 毕业生的建议

朋友

> 如果毕业后搬回父母家，又不认识太多人，那周末时你可
> 以去潮店打工交新朋友。我喜欢体育，所以去了一家体育用品
> 店打工，然后交到了新朋友。
>
> ——杰森·V.P，加州大学欧文分校

> 对待朋友要真正付出时间、精力和爱。大部分人把精力都
> 集中到打拼事业上，忽视了那些真正支持自己、维系自己的资
> 源。我们的文化中独立是成功的标准，忘了互相依存才真正能
> 够丰富我们的情感生活。
>
> ——A.S.，UCLA

> 我发现，别人保持联系、结识新朋友最简单的方法，就是
> 在心情好的时候做这些事。所有人都很放松，很高兴见到对方，
> 而且都很开心。这并不是说你每周都要跑出去参加聚会，而是
> 应该常参加社交活动，保持跟朋友和熟人的联系。
>
> ——J.M.，詹姆斯·麦迪逊大学

有的朋友是不可或缺的，还有的就不是。分辨出谁才是你真正的"铁哥们儿"，无论他们是老朋友还是新朋友，给他们爱和支持，当他们为你做同样的事时，享受吧。

——伊芙·艾伦伯根，宾汉姆顿大学

家人

父母走过的桥比你走过的路还要多。也许在某些方面你并不了解他们。不论你的年龄多大，在父母眼里你永远是那个需要由他们帮忙换尿布的婴儿。所以就算你已经长大了，也不要觉得他们立刻就能用平等的眼光对待你。另外，搬回家住没什么好丢人的。不过，回家住却什么家务活儿都不干，那就丢人了。

——安德鲁·威茨曼，塔尔萨大学

家人很重要，但是拜托各位要知道一点，尽管他们心里想着为你好，但他们并不一定总是清楚什么才是真正为你好。不幸的是，那些和你最亲近的人有时却是最不支持你的人。尤其面对那些他们不熟悉，或者他们害怕尝试的事物时。因此，就算你寻求家人的支持而不得，也不要怀疑自己的梦想。在网上或者在现实中找到跟自己志同道合的人就是了。

——查查娜·辛普森，新罗谢尔学院

要感激自己的家人。每个家庭都不完美，可正是他们造就了现在的你，你应该为自己感到骄傲。每天至少给家里人打个电话。我们很容易习惯自己出去打拼，却忘记了是妈妈开车带你参加了 10834 次训练，也忘记是爸爸在下班后精疲力尽的情况下依旧花了 85 个小时教你开车。你至少能给他们打个电话，让他们知道你依旧爱他们。

——莱恩·斯蒂芬斯，德州路德大学 / 德州农工大学

你的家人是你最大的支持者。你会经历一些困难，比如丢掉工作，和爱人痛苦分手，车被偷，朋友来了又走等等。但家人永远支持你，他们愿意付出的程度会让你震惊的。依靠家人是一种让人感到谦卑的经历。你要向他们证明，你关心他们，而不是只想利用他们的帮助。

——杰雷米·奥尔，加州大学圣克鲁兹分校

Ⓧ 练习：结交朋友场所大集合

大学毕业后结交新朋友是件比较麻烦的事。针对以下每个分类，想出几个能帮你认识新朋友的方法。

体育活动 / 球队

例子：公司内部的垒球队

1. _____

2. _____

3. _____

网上活动 / 社区

例子：meetup.com 或刷推特

1. _____
2. _____
3. _____

人际交往或校友群体

例子：本地校友活动

1. _____
2. _____
3. _____

除了家庭和工作以外我有兴趣的活动

例子：登山、在咖啡店读书

1. _____
2. _____
3. _____

做义工

例子：加入当地救济中心

1. _____
2. _____
3. _____

我有兴趣参加的社团

例子：周六早上的铁人三项训练团队

1. _____

2. _____

3. _____

我有兴趣学习的课程

例子：本地社区大学开办的烹饪课

1. _____

2. _____

3. _____

深度探索：创建一个具有支持作用的人际关系网

团队配合，是达成目标极有效率的方法——这能给你提供一个支持体系，相比单打独斗，这么做还能让你更有责任感。为实现目标而建立一个由同龄人组成的小组，这能让整个过程变得更有意思，你也能从别人身上获益良多。

有一个对我有强大支持作用的小组，是我和其他三位女性一起建立的，旨在实现健康和健身目标。我们在谷歌文档上创建了一个共享的"日记"，一个跟踪我们感受（从 1 到 10 评价心理和身体的感受）的每周计划表，以及跟踪观察我们是否到达了自己确定的 5 个行动计划（比如一周跑两次步）。

如何运作

每周日我们都会通电话，检查计划的实施情况，谈论一周的生活工作状态——取得的成功和遇到的问题，以及下一周该把重点放在哪里。如果还有时间，我们会讨论一些其他话题（比如说假日里应该吃什么，或者搞砸了某件事时怎样才能回到正轨）。有这样一个支持体系，真的太好了。而我能克服睡懒觉的毛病硬撑着去锻炼，功劳全在于此。这给了我最需要的额外动力，因为我知道周末时自己必须要向朋友汇报进展。

你也可以用一本书为由头，组建一个同龄人支持体系（我和我的朋友就以玛莎·贝克撰写的《四天胜利》组建了一个小团体）。

支持体系的好处

- 免费的！
- 在实现目标的过程中，它们能提供良好的支持。
- 通过关系网，你可以认识新朋友。
- 支持体系能让你负起责任，当你失败时，（但愿）他们不会让你放弃。
- 具有建设性的讨论、分享信息以及良好的互动，能为你带来很多好处。

建立属于你的支持体系

1. 选择一个主题（这并不是强制的，但有一个主题更有帮助），或者选一个你想得到支持的话题（健康／健身、领导力、感情等）。

2. 邀请朋友。给他们一个总体印象，告诉他们你想做什么，然后共同确定一个目标以及整个活动的形式，每个人都有发言权。

3. 按照以下步骤

（1）确定开始和结束的日期。

（2）规划好电话联系日程。

（3）创建一个共享文档，所有人每周一起检查。

4. 要求每人确定自己的目标，以及他们想在这个活动以及支持体系中获得的收益。

5. 进行一次交流会，讨论这些目标，继续确定未来交流的形式。

6. 开展具体活动。如有必要，调整活动内容和时间安排。

7. 活动结束后，举办一次总结会。大家一起讨论，哪些有效，哪些无效，下一次你会在哪方面做得不同。

8. 总结上一次活动，开始新活动。不过，如果有效，好事为什么要结束？

 练习：家事

> 你无法选择家人。他们是上帝送给你的礼物，就像你是上帝送给他们的礼物一样。
>
> ——图图大主教

一般来说，直到离开家独立生活，我们才会意识到父母在养育我们的过程中付出了多少努力。他们不完美，但大多数父母在物质和精神上，已经尽到了最大的努力来培养我们。

回忆一下自己从家人身上学到了什么。如果有机会，你想怎样对他们表达感谢？

你想感谢家人什么？

妈妈：..

....

爸爸：..

....

兄弟姐妹：_____

_____

你想在哪些问题上原谅家人？

妈妈：_____

_____

爸爸：_____

_____

兄弟姐妹：_____

_____

你想为哪些事道歉？

妈妈：_____

_____

爸爸：_____

_____

兄弟姐妹：_____

_____

从每一个家庭成员身上，你学到的最重要的人生经验是什么？

妈妈：_____

_____

爸爸：_____

_____

兄弟姐妹：_____

_____

做完这份练习后，再见到家人时，你想对他们说什么？

妈妈：

爸爸：

兄弟姐妹：

来自推特的建议

大学毕业后，你是如何与朋友、家人保持联系的？结交新朋友的方法又是什么？

@timjahn：分清主次。到了最后，什么才是最重要的？你对自己爱着的人做过的事或者说过的话，知道什么最重要就对了。

@MeganCassidy：勇敢无畏。如果朋友出门冒险，那就跟他一起去。做自己。穿上一件能引起话题的衣服（学校的文化衫、棒球帽、好玩的珠宝等等）。

@ValerieElisse：如果你不敢主动和陌生人讲话，记住，这不是你第一次、也不是最后一次向别人介绍自己。加油吧！

@lisaatufunwa：独自参加社交活动能逼迫自己结识新朋友。

@rob_e_smith：我把参加社交活动、每月认识 5 个新朋友设定成目标。

@pandroff：每周找个固定时间和家人、朋友联络。我的固定联络时间是周日下午。

@writeonglass：在社交活动里担任志愿工作。仅仅在前门做接待负责对照名单，我就认识了不少很厉害的人。

99 人生金句

朋友

友情是世界上最难解释清楚的东西，这不是能在学校里学到的东西。可如果你不明白友情的含义，那你真的什么也没学到。

——拳王阿里

主动关注别人，能让你在两个月里认识比被动等待两年更多的人。

——戴尔·卡耐基

真正的朋友，是明知道你有缺点却还喜欢你的朋友。

——伯纳德·梅尔策

别人如何对待你是因果报应，而你如何回应，取决于你自己。

——韦恩·戴尔

如果能和自己交上朋友，你就永远不孤单。

——麦克斯维尔·马尔兹

当一个人对另一个人说出"什么！你也这样？我还以为就我自己这样"时，友谊就在这一刻萌发了。

——C.S. 刘易斯

生活一部分是由我们创造的，一部分是由我们选择的朋友创造的。

——谢德怡

有时候做一个朋友意味着要掌握好时机。有时要保持沉默；有时要放手，让其他人拥抱自己的命运；有时，当一切都结束了，准备好收拾残局。

——格洛丽亚·内勒

朋友不是应急电线，你不能把他们扔进后备箱，只在急需的时候才拿出来用。

——佚名

从今天开始，无论见到谁，朋友或是敌人，爱人或是陌生人，像他们就要在午夜死去那样对待他们。热情对待每个人，无论交流多么琐碎，召唤出你心中所有的关心、善良、理解和爱，不要寻求任何回报。你的人生从此将会彻底不同。

——奥格·曼狄诺

见贤思齐焉，见不贤而内自省也。

——孔子

要善良，你遇见的每个人都有自己的难处。

——柏拉图

我很高兴能得到在派对结束后收拾残局的机会，因为这意味着我的周围都是朋友。

——南希·J.卡莫迪

家人

无论你为自己、为人类做过什么，如果你回顾一生，却发现自己没能把爱和关注送给自己的家人，你又完成了什么？

——艾尔伯特·哈伯德

家庭生活赠予你最大的礼物，就是让你和那些你永远也不必做自我介绍的人亲密相处，命运并未在此之前为你们做出相识的安排。

——肯道尔·海利

家庭生活总是充满大大小小的危机——或好或坏的健康状况，事业的成功与失败，结婚以及离婚——其中还包含各种各样的个性。家庭生活与地点、事件和历史联系在一起。有了这些可以感受的细节，生活就在记忆和个性中留下了印记。很难想象，有什么能比这个更丰富灵魂的事了。

——托马斯·摩尔

家庭生活！和任何家庭里的争吵、纷扰、需要理解和宽恕的生活相比，联合国都成小儿科了。

——玛丽·萨尔顿

全世界家庭的共同点是，人们都在这里弄懂自己是谁，懂得如何成为现在这样的人。

——琼·伊斯雷·克拉克

直到亲身做了父母，我们才懂得自己父母对我们的爱。

——亨利·沃德·比彻

没有一个人临死前会再看着家人和朋友的眼睛时说出"我真希望自己能把时间多花在工作上"这种话。

——佚名

 推荐阅读

《如何赢得朋友及影响他人》

戴尔·卡耐基

《闲聊的艺术：如何开启一段对话、保持对话、并且搭建人际关系网的技巧，留下积极印象！》

黛布拉·范恩

《如何与任何人聊天：在人际交往中取得巨大成功的 92 个小窍门》

里尔·劳德斯

《别独自用餐》

基斯·法拉奇、塔尔·拉兹

《口渴之前先挖井》

哈维·麦凯

《友情的艺术：建立有意义练习的 70 个简单规则》

罗杰·霍楚、萨利·霍楚

《关键对话：如何高效能沟通》

科里·帕特森、约瑟夫·格雷尼、罗恩·麦克米兰、艾尔·史威茨勒

《FBI 教你破解身体语言》

乔·纳瓦罗、马文·卡尔林斯

《信任的速度：一个可以改变一切的力量》

史蒂芬·M.R. 柯维

《谁可依靠》

基斯·法拉齐

6
Chapter

Chapter 7
约会与感情：
关于单身、分手和认真恋爱

> 到了最后，这些才是最重要的，你有多爱？你
> 爱得有多深沉？你学会放手有多深？
>
> ——佛

说到大学毕业后人们的感情状态，这是一个范围极广的话题。你也许正和读书时认识的人谈恋爱，因为远距离恋爱或者其他问题正在烦恼分手问题，在最终安家之前享受单身生活，寻求更有前景、意义的感情，或者你已经订婚了，甚至结婚了。

随着你越来越了解自己，明确自己到底想要什么，你的感情生活会出现变化，希望一切能朝着好的方向发展，人们会在你的生活中来来去去。本章的内容能指导你淡然面对这些改变，让你明确在感情生活中及面对伴侣时什么是最重要的。

本章包括：

◇ 充分享受单身生活

◇ 维持良好的感情生活，同时保持自我

◇ 明确自己从感情生活与伴侣身上到底想得到什么

◇ 有风度地处理分手事宜

7

Ⓙ 詹妮的忠告

我不认识你，但我知道，你值得拥有最好的

- 列出一份清单，写出自己希望伴侣"必须拥有"以及"如果有就更好"的特质。一定要坚守"必须拥有"这个阵地，决不能妥协。（参考本章后的练习。）

- 你觉得自己配得上最大的尊重和最深的爱？如果不这么想，你更有可能获得这样的尊重和爱。

- 你爱的人所具有的品格，很多时候就是你自身价值观的体现。

- 如果你正身处一段"现在来说足够好"的感情中，它真的足够好吗？

- 无论曾经的感情是好是坏，我们都能收获经验。你在哪些方面降低了自己的标准，为什么？你在哪些方面表现得坚强？什么事让你自豪？

- 不要努力过头了，要诚实。另一个人喜欢的是真正的你——而不是你付出的努力。

- 生命太宝贵，不要浪费在那些让你觉得自己不优秀的人身上。

- 注意危险信号。相信本能，跟随直觉。如果觉得出问题了，那就直接说出来。

- 如果危险信号一直存在，该放手时就要放手。在一段令人兴奋的全新感情初期似乎很难不这么做，可随着关系不断发展，想要放手或者向对方提出这些问题就会变得越来越难。就像玛雅·安吉罗说的那样："如果别人告诉他们是什么人，那就相信他们。"

充分享受单身生活

- 单身是发展友谊、尝试新事物、随心所欲做自己的宝贵时光。

- 变成自己梦中情人的样子。你在寻找既快乐又适合自己的人吗？照顾好自己，活出最好、最健康的自己就是了。

- 禅宗里有这么一句话："不要强迫河流流动。"凡事顺其自然，面对约会和感情问题时尤其如此。正确的人总会在正确的时间出现。与此同时呢？玩得开心点呗！

- 欣赏并感恩生命中已经出现的一切。多想想自己曾经经历过的那些美好的感情和经历。

- 网上约会虽说不适合所有人，但却是认识新朋友的好方法。就算你和见面的人没有擦出爱的火花，但你还是可以通过这个途径结识新朋友，找到一起锻炼的伙伴。

- 就算是糟糕的约会经历也有其娱乐价值，未来给小辈讲故事时，还能多个笑料嘛！

- 挑战自己，每天试着跟一个陌生人交谈。这能帮助你摆脱自己的"舒适区域"，你不知道这份友情未来会朝哪个方向发展。

- 有些人很挑剔；有些人属于花花公子型，一天不约会就浑身难受；有些人很长一段时间不约会也能活。无论你属于哪一类，都不必觉得糟糕。耐心点儿，该发生的总会发生。

开始一段感情后，付出最大努力。否则，意义何在？

- 无论你把精力投入到哪里，最终这些努力都会变成现实。面对感情问题时，不要忘记这一点，尽自己所能把精力集中在积极方面。

- 你能送给别人的最好礼物，其实是耐心倾听。是真正用心去听。保持眼神接触，认真倾听，了解他们的真实感受。把自己的想法和经验留到最后再说——时间多得是。

· 以下说的这些话可能众所周知，但这些内容值得一再重复——交流是构筑一段扎实感情的根基。尽管有些对话可能让人感到难过或害怕，可是为了未来更好地发展，这些对话都是必要的。有这么一句话，"杀不死你的，只会让你更强大"，同样可以适用在感情生活中。解决争端，平稳度过争吵期，这能帮助你改善感情生活中的交流，并且在两人之间建立信任。

· 不要猜测（无论是好是坏），坦白地提出问题。

· 你对某种情况有态度和看法，那只是你的态度和看法。别忘了其他人很可能从完全不同的角度得出另外的结论。尽量不要陷入猜测对方动机或行为的窘境中。你的猜测很可能只是一时头脑发热（我们的大脑可是讲故事的高手），所以，开诚布公才如此重要。

· 别把太多人扯进自己的感情生活里。虽说有几位密友分享秘密是好事，可把太多的人牵扯进来只会让你越来越搞不清自己的感受，影响自己的判断力。听从本能，把精力集中在自己的（而不是朋友的）真实感受上。

· 要感同身受、设身处地地从伴侣的角度思考问题。

· 很多时候我们在另一半身上看到的缺点，其实正是我们自己所拒绝承认的缺点。你批评对方时，扪心自问，是什么让我如此沮丧？他们的行为是否反映了我们内心深处未被满足的需求？

· 想要的东西不一样，这很正常。这不意味着你俩谁有错，这只意味着沟通和妥协变得更重要了。如果你无法妥协，那就确定你俩人之间的分歧到底会导致分手，还是能求同存异继续交往下去。

· 在一起的时候要开心！列出一份不断更新的待尝试事物清单：餐厅、旅行或是人生体验之类的。两人轮流做出计划，实现清单上的愿望。

分手的好处（没错，我说的就是好处）

- 分手是跟朋友重新建立联系的好机会。把时间花在自己喜欢的事情上。

- 改变并非坏事。有时候你得穿过熊熊大火（也就是体验分手后的痛苦），才能得到自己真正想要、也值得拥有的事物。

- 下面的话可能比较悲观，但就算是最浪漫的爱情也会走到尽头（我的意思是会在结婚前结束，即便在那之后，成功的比例也只有50%）。从曾经的感情生活中总结经验，向前看。

- 分手后，我们很容易陷入崇拜前任，或是觉得那段感情"一切完美"的怪圈。事实当然不是这样，他们也不完美。万一你真的分手了，你很可能有着非常正当的理由。过去的事情并不重要，感情总会发生改变，你不能总想着"过去"的事情。相信直觉，着眼于眼前的生活，更容易走出过去的阴霾。

- 分手后，抽出时间畅想一下未来：你还想得到什么？你想做什么？你想成为什么样的人？你真正想拥有什么样的感情？

- 无论在心理还是身体上，如果还陷在上一段感情中，你是无法真正开启一段新恋情的。想遇到下一个人，或者为下一段恋情做准备，你必须彻底放下。

- 如果你无法独自一人，孤独就变得更加重要。

- 身陷困境时，去做些能安抚心灵的事。打电话给朋友，出去吃顿饭，读一本好书，呼吸一下新鲜空气，这都是选择。

- 寻求帮助。去找那些愿意坐下来听你诉说、陪着你的人。

- 给自己留出足够的空间，用来宣泄感情——要有耐心，产生任何感觉都是正常的。如果内心倍感痛苦，试着写写日记。

- 你会经历伤心的过程，你会想起那些甜蜜的回忆，还会为自己失去这些感到难过。你会愤怒、会沮丧、会质疑自己，甚至会希望一切重来。

但是，时光不可能倒流。接受自己事实，现在该向前看了。

· 留出休息时间。改变日常生活节奏，尝试新生活。跟随自己的本能。你的需求会随时改变——满怀慈悲地回应内心的需求。

· 要心怀感恩，感恩生活中一切值得感恩的人或事。多关注自己已经取得的进步。列出一份清单，写出值得骄傲的事、值得欣赏的特质，还有那些爱你、支持你的人。

深度探索：不要再为别人的生活改变自己

不要再为别人的生活改变自己。无论是面对未来可能的工作还是潜在的终身伴侣，都不要把大部分的精力集中在纠结自己是否配得上他们这一点上。不要再"戴着面具"，而把自己变成你认为对方想要的样子。你就是你。当你试图给别人留下好印象时，不要忘了带着开放的心态真诚地问自己一句，另一个人给你的生活带来了什么价值？这份工作或感情配得上你吗？

生活就像俄罗斯方块：也许你是乙，可对方寻找的却是丨

没有人是完美的，生活就是一个寻找、搭配的过程。既然你和另一半生来都不完美，那就寻找能够互补的办法是了。找到能为彼此提供价值的空间。如果两个人不适合在一起，不管是别人告诉你这一点还是你自己认识到了这一点，该放手时就放手。别把不适合的感情放在心上——不沉迷于不适合自己的人，认识到自身需要提升之处。这很难，但相信我，作为一个喜欢反思、乐于成长的女性，我明白这种感觉。诚实对待自己当然有价值，可是减少伤害，结束一段不适合的恋情，同样也有价值。

值得为诚实冒险

想成功寻找到合适的另一半，诚实是必需的，这也自然会带来风险。将自己毫无保留地展现出来，说出"我就是这样的人。要么留下，要么离开，我就是我"这样的话，其实需要不少胆量。你之所以会恐惧，是因为要把真实的自我展现出来，而对方要么接受要么拒绝。但这么做是值得的，如果你们如何合得来，那一切就顺风顺水了。诚实真的非常重要。而且，能和自己的另一半心有灵犀的感觉实在太美好了。

你当然应该身处互利的环境或者感情中

你当然应该身处被欣赏、被振奋的环境中。你应该保持现在的样子。人生苦短，何必再上演闹剧。

深度探索：低风险的初次约会

撰写：本吉·芬恩（@benjyfeen）

想象一下：你到银行取了 1000 美元，去了拉斯维加斯。你穿上最好的衣服，走进最近一家赌场。换了 1000 美元的筹码后，你走到了轮盘赌桌旁，看上去光彩照人、自信满满。你把 1000 美元全押在了自己的幸运数字上，然后轮盘转起来了……随后的周末，你孤身一人待在酒店房间，痛苦地思考为什么自己身上总是发生这么糟糕的事。

不少初次约会也会给人带来这样的感觉：一切取决于这次重大机遇带来的结果，浪漫、兴奋很快就被迷惑和沮丧取代了。这种感觉是不是很熟悉？

不要在初次约会时赌上一切：降低风险

谁把低风险初次约会的理念告诉我的？还能有谁，第一次跟我约会的女人嘛。通过约会网站，我开始和女性见面，我们经常先是发上几周夸大其词而充满挑逗的邮件，直到最终其中一个人终于自信到把另一方约出来。

通常来说，接下来我会面对一个急匆匆而怪异的初次约会，你当然能想象到，我们各自的胃口就像气球一样被吊了起来。有一天，我发了一个明显过头的挑逗短信，结果我得到了这样的回复："嘿，别那么猴急。没必要在我们见面前建立什么基础。我们甚至不会互相喜欢。今晚 7 点一起出去喝杯啤酒怎么样？"我从我们第一次（也是仅有一次）约会中学到了不少关于低风险约会的经验。

经验之谈：如果想约会，那就尽快开始第一次约会

千万别把 6 个月的时间花在互相发送挑逗邮件上。一旦明确自己想更深入了解一个人，那就去约会吧。互相恭维的感觉很好，但却会提高风险。调情确实有意思，但很难保持低调。

美好的初次约会

美好的初次约会是一次共同体验。双方既有时间闲聊，也有机会讲一些自己的故事，或者说出自己的想法，但却不会持续太长时间。一起吃顿午饭如何？

约会的时间需要一个明确的终结点：也就是到了某个自然而又明显的时刻，大家就该各回各家各找各妈了。如果一起吃晚饭，吃完甜点就该散了，别再去酒吧喝酒。安排在饭店见面，不要让对方开车接你，否则人家还得开车把你送回家。

糟糕的初次约会

参加一个派对，可你的约会对象却谁也不认识。你要么慢待朋友，要么慢待约会对象，要么把时间都花在照顾约会对象的感受上。还有可能，你的朋友们要么喜欢你的约会对象，要么讨厌……这都会提高风险。

处在一个无法聊天无法相互对视的环境。初次约会，看电影或者去剧院不是好主意，因为坐在黑暗里两小时不说话，不是个了解对方的好方法。

处于一个开始后就无法优雅地做出调整或结束的环境。坐船看 4 个小时日落是个很不错的约会的选择——除非你晕船，或是你的约会对象说了带有种族歧视倾向的话。

对方非常喜欢（或者讨厌）而你又从来没做过的事。从各种角度看，这都是很微妙的问题。如果其中一个人格格不入，约会很有可能变得非常尴尬。就算你觉得很有意思，你也很可能只是享受这种新奇的体验，而不是享受约会本身。趣味与风险并存的约会还是留到以后吧。

第二天：明确地沟通

不用坐等对方先打电话，但在你拿起话筒前，倒是可以等一等再做决定。找个朋友聊聊，弄明白自己对这次约会到底是什么感觉。

你对这次约会感觉如何？你喜欢哪些方面？哪些方面进行得不顺利？未来你想在哪方面获得更多，哪些方面又需要避免？关注自己对这些问题的感受，能够加深你对以下问题的理解：

1. 自己真正想要什么；
2. 自己该得到什么；
3. 自己无法容忍什么。这种自我意识对未来的感情幸福至关重要。

反思这些问题时，也许你会低估消极方面而过度关注约会中的积极方面，这种想法是不对的。有些缺点会直接导致分手。而一个好的约会对象必然具备你喜欢的特质！"不存在大缺陷"不该是你对卓越的定义。

如果你喜欢对方，就如实说出来。简洁地表达自己的想法，留出空间让对方表态（其实我要说的是，主动征求对方的意见！）。这里没什么风险，如果对方对你没兴趣，这也是个明白人家心思的好时机：为未来发展留下可能，同时清楚地表达了自己的兴趣。

如果对方没兴趣再见面，没什么大不了的。能这么低调，还是该祝贺自己一下。等你准备好了，再和世界上几十亿人中的一个约会就行了。

如果你对人家没兴趣，要友善、明确地表明你的态度。不用说出不喜欢的理由。作为陌生人一般的存在，你的观点其实对对方很重要。宽容待人，说白己没有感受到浪漫火花就行了。含糊而轻微的失望肯定比明确又强烈的失望好受多了。

如果双方都有兴趣，那就再约一次呗！

深度探索：我的情感经历

以下是我在约会各个阶段的三种状态：单身、恋爱和分手。之所以分享这些经历，是希望大家无论处于恋爱生活的哪个阶段——不论单身还是恋爱、高兴或是沮丧、享受单身还是渴望爱人出现，你都能体会到那些我们时常共同分享的感受。

单身生活：对于"感觉"这个令人讨厌的事情的一点理解

当我伤心、孤独，或者不开心时，我经常会感到恼怒和沮丧。可是有一天晚上，我的心里突然涌出一种不知从何而来又如何消解的痛苦紧张，我突然开始怜悯自己，并且顿悟了。在那一刻，我停下来，为"自己还有感觉"这件事高兴。

我关心别人，也关心自己。我在意自己的生活能否过得完整、充实。说到约会和感情，我是个心胸宽广的人，真的相当"心大"。而且我愿意把自己的经验分享给别人。我对自己的怀疑态度，应该称之为"本性"。

我很幸运，拥有圆满、幸福且前程似锦的人生。可我总会把心里部分空间留给感情，就像吃完一顿超级美味的大餐后总有肚子吃甜点一样（至少我总会留着肚子吃甜点）。

当我遇到某人时，我的问题都能解决吗？当然不！我期望下一段感情能持续到永远吗？并没有，生活中没有什么是有保证的。

但我确实知道内心深处能有 10% 的我（每天具体的数字都会变动）愿意和别人在一起，我已经感谢上帝了。我的内心渴望与人分享，就像在体育夜时大谈比赛，或是周末吃大餐那样。

我就是怜悯自己的这一点。感谢上帝，让我愿意同其他人一起欢笑，愿意彼此扶持，互相鼓励。我不会为自己对友情的强烈渴望感到羞愧或自卑。相反，我认为这是我的优点，是我核心价值观的体现。我愿意与人们进行深入交往，共同成长，让生活更美好（以"别担心，我们一起从头开始"的态度对待友谊）。

我仍在学习如何尊重自己的感受，就像我愿意为任何朋友、或者读者中的任何一个人做的那样。我鼓励大家这样做。

浪漫人生：爱情会出现的，只要你顺其自然

> 如果你相信爱情，有勇气让爱情进入自己的生活，那么爱情自有办法找到你。
>
> ——马斯丁·吉普，TheDailyLove.com

浪漫的爱情是神秘的。我根本不可能概括总结别人在这方面的感受——当然，我也不敢给大家太多建议。在我的人生中，爱情仍然让我感到困惑。

不过我敢这样说：我做过的最有风险的事情之一，就是在明知道容易心碎、且不知道自己是否坚强到能面对那样的伤痛时，让自己坠入爱河。

我一向独立，长久以来，我不停地取得各种成绩，因为我认为没有这些东西就不会有人爱我。现在写下这段话我很难过，但这是真的。

允许自己坠入爱河，意味着让别人看到一个完整的我——好的我，还有坏的我。这意味着不再钳制自己，放松控制，不过于保护自己避免受伤。坠入爱河，就像划船时收起桨，却不知道河流会把我带向何处。

我从恋爱中学到了太多教训。我明白爱情不是一个实物或一份清单，不是你要实现的目标，也不是可以自如控制的事物，它很难搞定（尽管我不停地尝试"理性"地对待爱情）。

当我说"你允许时爱才会出现"，这是拾了古人的牙慧。爱情不是一座你要攀登的山峰，而是你该沉浸在其中的美好事物。"坠入爱河"这个说法不是无缘无故出现的——你该举起双手，放空一切，为了让爱进入，让自己免受恐惧和不安的伤害。

你不能时刻渴望对方的回应。爱是你给自己和对方的一份礼物。这份礼物，能让你在确定对方会如何回应的情况下敞开心扉；这份礼物，能让他人成为一面镜子、一位挚友、一个爱人，哪怕造化弄人，一切都可能消散。

爱情让你把自己看作一个美好、拥有无法抗拒的魅力而又完整的人。如果能通过别人的眼睛，在他们的帮助下看到自己的这些特质，那就更好。

恋爱有风险。但对我来说，这是最值得冒险的事情之一。恋爱的甜蜜和伤痛，教会我比任何书本、课程或活动都多的东西，让我更深地了解自己。

分手：关于悲伤、阴郁但又有着光明前途的问题

> 悲伤，应该比喜悦更让我们拥有信心。在悲伤的那一刻，一些未知的新东西进入我们的生活。在悲伤时，如果更耐心、更安静、更开放，新事物就能更深、更快速地进入我们的生活，我们也会得到更好的结果。
>
> ——莱纳·玛利亚·里尔克

当我伤心时，我会躲避整个世界——包括我的朋友们。我缩回自己坚硬的保护壳里，直到重新振作起来才会出来。我不鼓励这种做法（这会让人孤独），只是这种做法恰好是我的第一道保护屏障。

上一段感情结束时，我退回到"我很好！"的保护壳里。几天之后，我有一种被人从天而降把保护壳掀开了的感觉。我的悲伤彻底暴露在世人眼里，写在我的脸上，不知什么时候我就会泪流满面。

即便如此，我还是心存感激。我为自己的悲伤而高兴，因为这证明我活着。尽管美好的经历结束了，我很伤心。但直到今天，一想到那段感情让我和对方的交流，以及它带给我的数不清的美好时光，我仍然很开心。

尽管我习惯逃避悲伤，好让自己远离被伤害的痛苦，但我学会了允许自己被这种感觉纠缠一段时间——当我需要宣泄时，就把它宣泄出来。尽管我非常想尽快开心起来，可只有经历这些伤痛，才能让我得到真正的解脱。只有让情绪充斥自己，然后自动消散，我才能真正放下过往。

当朋友遇到困难时，我会把里尔克的两句话送给他们：

> 也许我们生命中的所有巨龙都是公主，她们只是在等待，等待我们变得美丽而勇敢。
>
> 你必须这样想，有些事在你身上发生了，那是生活没有忘

记你，它把你握在手里，它永远不会让你失落。

———莱纳·玛利亚·里尔克

伤痛、脆弱和爱情，我对这些事物的赞誉远远不够。因为它们让人活出真实而原始的部分。敞开胸怀接纳他人也是如此。

毕业生的建议

尽可能多地和其他人接触，直到遇见"那个人"。请朋友或家人帮忙安排相亲，参加社交活动，加入一个不限性别的球队，注册约会网站，参加社区活动。如果每天晚上你都在家待着，你的灵魂伴侣是不可能找到你的。

———奥德丽·G，犹他大学

你不谈恋爱也是一个完整的人。从 15 岁开始，我一直维持着一段感情，但是到了 30 岁，我突然单身了。单身生活让我对自己有了更深的了解。其他人没有义务让你高兴，这是自己的事。在一段感情中，对方能让你高兴，是额外奖励。

———安德里亚·欧，加州州立大学圣马科斯分校

一位智者曾说："想成为别人的某个人，你得先成为自己。"这话太对了，我见过太多例子。变成自己理想中的那个人，为自己、为自己的人生感到高兴。你会因此变成一个更好的人，你也能吸引跟自己合得来的人。在你最不抱期望时，爱情就会

出现。时机合适时，该来的总会来。

——莎拉琳·哈特维尔，犹他州立大学

把每一个跟自己约会的人看作能帮你了解的人。很多时候你会陷入寻找"另一半"的怪圈，每次约会都失望而归。不要这样，把每一次经历视作为真正的恋爱生活做的准备。另外，在结婚的问题上不要有太多压力，生活中还有很多事情，会让你更有满足感。

——莱拉·约翰逊，丹佛大学

✗ 练习：感情交往的关键

人无完人，在你看来能导致分手的重大原因，在别人眼里可能只是个小麻烦。这个练习能帮你明确自己在感情问题上最关注的部分，帮你明确一段感情是否适合你，帮你继续进步，以便在感情之路上取得成功。

伴侣

哪些品质是伴侣必须拥有的？

_____

_____

_____

伴侣拥有哪些品质能锦上添花？

_____

伴侣的哪些特质会直接导致分手？

感情

理想的感情中，哪些特质是必须存在的(比如，良好的沟通、信任、激情)?

哪些特质能为理想的感情锦上添花？

哪些问题会直接导致分手？

自我反思

批评别人当然更轻松。好好反省一下自己，在哪部分做出改进能对现在的感情、现在或未来的伴侣产生重大影响？

....

....

....

你对感情抱有的哪些负面或局限性思维是自己愿意摒弃的？

....

....

....

✖ 练习：感情小百科——过去、现在和未来

过去的感情

列出自己过去经历过的最重要的感情关系。

....

....

从过去的感情生活中你学到了什么教训（好坏都包括）？你的前男 /女友如何成为你的老师？

....

在过去的感情生活里你有过那些消极的行为方式？或者说你在未来选择伴侣时希望避免哪些问题？

现在的感情（如果目前没在谈恋爱，那就以自己和自己的关系为基础回答以下问题）

在哪些方面你可以变得更宽容、更放松？在哪些方面你想更多地进行沟通，或者表现得更强势？

什么行动或改变会对你的感情生活产生最大的积极影响？

未来的感情

描述自己理想中的感情：你会花多长时间过二人世界？你喜欢做什么？你的朋友和家人做什么、说什么？你的感觉如何？

　　无论现在是否身在一段感情中，你能采取哪些行动，创造出你在前面描述出来的生活和感觉？

✗ 练习：单身还是恋爱？两种生活都不差

　　"城中的人想出去，城外的人想冲进来。"在约会和感情问题上，这种说法尤其正确。

　　无论一个人对自己的现状有多满意，单身的人总渴望爱人带来的宽慰；而恋爱中的人渴望一个人出门玩通宵、跟不同的人约会，甚至渴望新恋情发生时的那种兴奋。

　　无论你是单身还是恋爱，我希望这份练习能让你对自己的现状感到满意。

你喜欢单身生活的哪 5 件事？

1.--

2.--

3.--

4.--

5.--

你喜欢恋爱时的哪 5 件事?

1. _____
2. _____
3. _____
4. _____
5. _____

✗ 练习：度过分手期（或者说忘掉前任）

我经历分手期时，脑袋总是晕乎乎的，情绪像坐过山车一样，无法思考，甚至无法工作（更别提我这个人随时都会为了小事庆祝，高兴或者难过地哭出来）。

如果你正经历分手，或者仍在努力忘掉某人，以下练习能帮你整理思路，让你对现状有一个更清晰的认识。拿出一张纸（或者日记本），写下答案。当你产生新的、不同的感觉时，你随时可以更新答案。

我最怀念的是

· 关于那个人
· 关于那段感情

我很庆幸放弃了什么

· 关于那个人我不怀念什么?
· 关于那段感情我不怀念什么?

关于未来的感情或伴侣——学到的教训

- 必须拥有的品质
- 锦上添花的品质
- 我忍不了 / 可以直接导致分手的问题

关于自己领悟到的教训

- 以人为镜：他们教会了我什么？
- 我对自己多了哪些了解？对于那段感情又多了哪些认识？

处理分手（或者感情生活）

- 让我感到骄傲的事
- 如果重来，哪些事我会采取不同的做法？

感受

- 我现在的想法和感受
- 我压抑住、但又需要释放出来的感受（因为我觉得那样的情绪不合理，或者我为自己有那样的感受感到羞耻）。
- 经历困难时光时，我会放手的（关于那段感情或那个人）。
- 一封当然不会寄出去的发泄信：愤怒起来吧！把自己的愤怒和沮丧都释放出来。

回归基本

- 恋爱时没时间，现在我想找时间做的事
- 生活中让我感恩的事情

自爱大作战

· 情绪低落时能让我感觉好起来的事

· 痛苦时我照顾自己的方式

· 当我感到特别难过时，可以倾诉的朋友和家人

凡事皆有因

· 提醒我那段感情并非如我所想的信号或危险标志

· 为什么分手是最好的选择

· 我会因何事而好起来

　　一段感情结束后，你会经历一段痛苦的过程，就算这个过程不会立刻发生，但该出现的总会出现。你会因为失去那个人，失去那段感情，失去憧憬中两人共同的未来而难过。你是一个坚强的人，你会走出这段阴影，变得更强、更聪明，为人生中其他更好的事情做更多的准备。

来自推特的建议

从过去（或者现在）的感情生活，你学到的最大的教训是什么？

@cloberdew：做自己，做自己想做的事，提升自己，爱情随后就到。

@JewelJonesPR：不要害怕竞争，因为你是在谈恋爱。如果双方合适，恋爱不会阻碍的你的事业发展，反之亦然。

@thewayaliseesit：糟糕的约会／恋爱其实不是坏事，你能更了解自己在一段感情中到底想要什么，不想要什么。

@littlemspaige: 我觉得以下建议更适用于感情,而不只适用于工作:"雇用要慢，解雇要快。"

@opheliaswebb: 假如你不全身心投入，你的心里就没有空间留给别人。

@positivepresent: 恋爱时，如果感觉不对，那就一定存在问题。别为自己爱的人找借口。

@irinai: 如果某人言行矛盾，无视他 / 她所说的就对了。

@ElleLaMode: 跟随自己的直觉。如果感觉不对，可能真的就有问题。明确提出自己的疑问，不要捂着让"伤口化脓"——这是有毒的。

@sjhalestorm: 不要太过严肃地对待感情。你不是必须约会。放松下来，一切都会正常起来。

@skodai: 大多数感情上的问题和你的伴侣无关，一切都是你自己的问题。

@ChaChanna: 有衡量标准不等于你是个挑剔的人。你只是知道自己的容忍范围。

@Tursita: 感情关系——约会、朋友、家人，都能教会你和不同的人在一起时如何工作、交流以及取得成功。

99 人生金句

爱情很有趣，充满欢乐，直到有人受伤或者怀孕。

——吉姆·科尔

除了你自己，没人能让你觉得自己低人一等。

——埃莉诺·罗斯福

能够理解其他人的生活、行动和经历并且为之感动，这不是爱，还能是什么。

——弗雷德里希·尼采

勇敢就是无条件地爱一个人，不求任何回报。只是付出自己。这需要勇气，因为我们不愿意狠狠地摔倒，或者敞开胸怀迎接别人的伤害。

——麦当娜

最痛苦的孤独，莫过于不能怡然自处。

——马克·吐温

如果你爱一个人，那就给他们自由。如果他们回来了，他们就是你的人；如果他们不回来，那他们从来也不属于你。

——李察·巴哈

爱就像一棵珍贵的植物。不能把它留在壁橱里，你要不断地浇水。

——约翰·列侬

交流是可以通过学习掌握的技能，就像骑自行车或打字一样。如果你愿意为此努力，很快你就能提高生活质量。

——布莱恩·特雷西

一见钟情需要一分钟，喜欢一个人需要一小时，爱上一个人需要一天。可忘掉一个人，却需要一辈子。

——佚名

最好的感情，是那些你可以听对方说任何话、但你却什么也不说的那种感情。

——奥德丽·贝丝·斯坦恩

不要理想化任何事物，它们永远无法达到你的期望。不要过度解析自己的感情。不要再游戏人生。只有真诚，才能真正抚育一段不断发展的感情。

——里奥·F. 布斯卡利亚

有因皆有果。淡然处之，万物皆好。

——佛

在感情或是其他问题上，有一点是最关键的，那就是我们要把所有精力集中在最重要的问题上。

——索伦·克尔凯郭尔

恋爱是苦差。它就像一份全职工作，我们也应该用对待工作的态度对待恋爱。如果你的恋人想离开你，他们应该提前两周通知你。离开前，他们应该给你分手费，他们还应该给你找一个临时朋友。

——鲍勃·艾丁格

真正单身，远比梦想单身好百倍。

——安·兰德斯

人们认为，灵魂伴侣会是完美搭配，人人都想要这样的感情。可真正的灵魂伴侣是面镜子，他会展现出所有阻碍你前进的问题，他会让你注意到这些问题，这样你就能改变自己的人生。

——伊丽莎白·吉尔伯特

不要因为害怕找不到更好的伴侣就草草成家。不要因为不愿孤独就妥协。给自己的完美生活、爱人和工作多一点时间，让它们在人生中逐渐发展。

——马斯丁·吉普

争论的目的不是分出胜负，而是促进进步。

——约瑟夫·朱伯特

忍一时风平浪静，退一步海阔天空。

——中国谚语

悲伤在你的心里刻下了越深的痕迹，你就越能容纳更多的快乐。

——卡里·纪伯伦

如果为了生活，为了毫无保留的爱而等待，受苦的其实是自己。

——大卫·戴达

 推荐阅读

《男人来自火星，女人来自金星：理解两性的经典指南》

约翰·格雷

《爱与深恋：恋爱的经历》

多萝西·特诺夫

《高难度谈话：如何化解棘手局面？》

道格拉斯·斯通、布鲁斯·佩顿、希拉·汉

《分手紧急状态》

埃利斯·胡默

《得到想要的爱情：情侣指南》

哈维尔·亨德里克斯

《在说"我愿意"之前必须要问的 100 个问题》

苏珊·皮维尔

《为什么你读不懂我的心思？克服阻碍感情发展的 9 个有害思维方式》

杰弗里·伯恩斯坦、苏珊·玛吉

《我需要你的爱——这是真的吗？如何不再寻求爱、认可和欣赏，而是开始发现它们》

拜伦·凯蒂

Chapter 8
健康：不是太累，而是太懒

> 想要保持健康：吃得清淡，深呼吸，有节制地生活，培养乐观态度，在生活中找到乐趣。
>
> ——威廉·兰登

当生活和工作陷入混乱状态时，我们很容易把锻炼和良好的饮食习惯抛到脑后。但是，没有比20多岁更适合养成一辈子的良好饮食习惯的时机了。随着年龄越来越大，新陈代谢越来越慢，养成新习惯就会变得越来越难，你在家庭和工作中的责任也会越来越大。健康的饮食及健身习惯能给你带来更多活力，让你更能集中精神，更有自信。

我对健康话题特别有热情。通过几年断断续续的健身后，我终于意识到，最基本的快乐，其实正是来自运动和健康的饮食习惯。如果我不运动，不照顾好自己，立刻会发现自己变得压力更大、创造力更弱，通常还会更难过，没什么活力。

保持健康需要长久努力，而不是能一次性解决的，而且是个不断调整的过程。经过大量实验，我认识到对我来说保持健康最有效的方法是分量控制、健康选择、寻找合理的食谱和锻炼方式。总之，健康就是要做让自己快乐、自信和充满活力的事情。

本章包括：

◇ 在生活中也经常锻炼

◇ 明确自己喜欢的食物和运动

◇ 养成健康的饮食习惯

◇ 为了让自己负起更多的责任，发起、参与同伴支持体系

8

Ⓙ 詹妮的忠告

获得最大程度的健康

- 多喝水。等你感觉渴了，你的身体已经脱水了。随身带着水瓶，喝完就装满水。

- 寻找自己喜欢的运动。找到适合自己的运动，然后制订计划，定期锻炼。

- 对待健身和营养，避免"全有或全无"态度。假如你错过一次健身，或者吃了不健康的食物，立刻回到正轨就可以了。相比因荒废了一天或一周而放弃全部计划，这样做危害要小得多。

- 聊胜于无。就算你只能锻炼 20 分钟，那也要动起来。

- 保证充足的睡眠。用几周时间试验几种不同的睡眠长度，找出哪种最适合自己。有些人睡 7 小时就够了，有些人需要 9 小时或 10 小时。每天能在相同时间入睡或起床，也能帮你的身体形成特定生物钟，进入自己的节奏。

- 尽量吃天然食品，而不是深加工食品。

- 不要到了周末就把节食和锻炼抛诸脑后，享受生活，但是尽量动起来。

- 外出就餐时注意餐馆的菜量，多喝水，慢慢吃，九分饱就行。

- 不要跳过某顿饭不吃。如果不能坚持健康饮食，那就在饿的时候吃东西，提前计划好吃零食的时间吧。

- 不要盲目跟风减肥。体重下降遵循最简单的原则：消耗的热量要多于摄入的热量。要么多运动，要么少吃。两者都需要多多努力。

- 小心隐形的热量，比如果汁、汽水、酒精、星巴克里各种好看又好喝的饮料等等。这些饮料都能快速增加体内的卡路里。

- 如果你经常用"我在庆祝某事"这个借口，算了吧，生活中值得庆祝的事太多了。我们有权享受生活，可不放纵自己才是最重要的。

- 无论小时候妈妈怎样教导你"不要剩饭"，别太在意"光盘行动"这种说法。感觉饱了就别再吃了，而不是吃到盘子"告诉"你不要再吃。浪费少量食物总比增加肚皮上的游泳圈层数强。

- 小心无意识进食（尤其是边看电视边吃）。不要一坐在沙发上就吃零食。

- 吃糖能大幅提高体内糖分，让人变得更有精神，但随着时间推移，这会让你想吃更多的糖。尽量在食谱中限制糖分摄入，因为太容易上瘾了。

终极借口：没时间锻炼！

- 锻炼的时间得靠自己创造。如果你自己不挤出时间，那就总会有别的事情挤占锻炼的时间。

- 如果运动时听音乐能带给你额外的动力，买MP3吧，该花的钱就要花。

- 在冰箱或食品柜的门上贴一张能激励自己减肥的图片，当你准备拿吃的时，就会三思而行了。经常更换门上的图片（否则你会直接无视它）。

- 不要陷入"明天我就会开始了"的陷阱里，对待节食和锻炼尤其如此，今天就开始。

- 尝试早起锻炼。如果你打算晚上锻炼，太多事会影响你：比如你累了，太忙，还有工作要做，跟朋友约了饭，肚子很饿，或者还有其他社交活动要参加。大清早，你唯一要斗争的就是懒惰——起床15分钟后你就能战胜自己了。早上锻炼还能让你更有活力。如果你准备早上锻炼，前一天晚上就把衣服准备好。

- 聘请私人教练是获取动力的好办法，新增加的紧张感和责任感能刺激你学习新的健身方式，让自己养成良好的健身习惯。

如何用有限的预算聘请私人教练

- 询问教练能不能把你的训练时间缩短到每次半小时。
- 和朋友共同聘请一位教练，平摊费用。
- 每一个月或两个月上一次课，在两次课程之间坚持锻炼计划，直到你做好参加新课程的准备。
- 如果你想请私人教练，但费用超出你的承受能力，那就和朋友搭伴，互相充当对方的教练，坚持练习。不要手下留情！
- 试着参加集体健身课，这也能丰富你的锻炼计划（还能结交新朋友）。

脱离正轨时，能让你获得激励的提醒

- 身体健康和快乐能带来自信，还能改善自己和他人的关系，从而产生正能量。
- 如果一天或者一周没能执行计划，顺其自然就是了。你的身体和心态时不时需要放松、纵容和享受。不要沉迷于此，记得第二天或下一周回归正轨就可以了。
- 如果不小心吃糖吃多了，那就第二天不吃糖了（这样你就不会重蹈没完没了吃糖的覆辙）。糖是很容易上瘾的（盐和脂肪也是如此，关于这个问题想获得更多资料，读一读大卫·凯斯勒撰写的《暴饮暴食的终结》）。
- 如果不能去健身房锻炼，有一些快速简单的健身方式是可以在客厅边看电视边做的，比如俯卧撑、仰卧起坐，还有简单的拉伸运动，这都是好的开始。

生活中有很多事比节食更重要

· 如果因为自己的饮食和锻炼习惯（或结果）而沮丧, 问问自己: "哪一个改变能带来最大的影响?" 在未来一到两周, 集中精力实现这个目标就好。

· 为控制体重设定可行的目标。你的体形总会改变, 但想回到高中时的曼妙身材怕是不可能了。

· 重要的其实不是体形——当你饮食健康、经常锻炼时, 只要关注自己的感受就可以了。你的身体感觉如何? 你有活力吗? 自信吗? 衣服合身吗?

· 由于设定了很多目标（比如体重或身材的目标）, 纠结于数字的风险还是不小的。实现最初设定的目标时, 你可能还是不高兴。

自信很性感!

· 要充满自信。自信地行走, 挺直腰板、昂起头。在身材和魅力的问题上, 你的态度就是一切。

· 学会接受自己的外表。如果天生就是现在的样子, 不管再怎么疯狂健身、拼命节食, 你也变成不了超模吉赛尔·邦臣或者影帝马修·麦康纳利。

· 穿让自己舒服、自在的衣服。我们有权利体验百万富翁的感觉, 当然没必要真的花那么多钱。

· 衣服合身能让你感觉良好, 你会更有健身和健康饮食的动力。其他人积极的反馈也能为你增加动力。

· 在外表上下功夫就像在对自己说"我值得这一切!", 这种心态本身比衣着和身材更重要。

· 不要因为缺乏安全感而浪费青春。也许5年后再看看自己现在的照片, 你会希望自己拥有当初的身材!

深度探索：从完成（担惊受怕） 的铁人三项上，我学到五件事

多年来，我一直对自己说："我绝对不可能完成铁人三项，因为游泳就能要了我的小命。"（更别提我超级害怕鱼）然而，在 2009 年 8 月，我完成了"看见珍"铁人三项比赛，也就是 400 米游泳、11 英里的自行车和 3 英里跑步。苍天啊大地啊，我居然活下来了！

但是，有那么一刻，比赛开始后 30 秒不到的时候，我真心不知道自己能不能游到湖对岸，更不要说能不能坚持到终点线。即便已经进行了好几个月严苛的训练，我还是非常严肃认真地考虑了退赛的可能。

我已经顾不上湖里有鳝鱼了

我喜欢参加大型体育赛事的原因之一，就是要为这些比赛进行好几个月的训练准备。事实上，我 2008 年参加马拉松时，我发现长跑比赛事本身更有意思，哪怕我一个人跑了 23 英里，中途没有水站，也没有观众为我喝彩。我欣赏训练计划的结构、一周又一周不断叠加的成就感，以及完成对自我极限进行挑战的喜悦。

我到底会怎么选择？鉴于我那么热衷训练，在铁人三项比赛中出现的慌乱，还是吓到我了。几个月的游泳训练瞬间失去意义。

比赛开始的哨声响起后，周围的选手都在快速游动，可我呛水了。我的呼吸节奏被打乱（主要因为我太紧张了），泳姿甚至变成了狗刨式。我慌了神，试图按照训练时的方式游泳，但我既想看着湖面上的浮标，又想看着其他选手（两者其实都不是好的选择），真正用得上劲的只有胳膊。

我没法让自己放松下来，而且特别害怕。我考虑放弃比赛，这让我很

伤心。"不管怎样，不管用什么方法，我都会完成比赛的。"没人说我必须迅速完成比赛，或者拿到好名次。于是我换成了仰泳姿势，看着头顶开阔的蓝天，我终于冷静了下来。我是最后上岸的几名选手之一，但我不在乎。就像其他人一样，我微笑着跑向了自己的自行车。

骄傲地骑着自行车，我回顾了恐怖的游泳赛段，然后在累到快虚脱的跑步赛段，总结出了我学到的几个重要教训。

记得换气（哪怕每次呼吸都会呛水，也要换气）。成就不在于速度或优雅，重要的是坚持。完成比赛，记得换气。

相信自己的本能。从 8 岁那年上完游泳课后我就再没游过仰泳，可当时其他方法都不起作用了。当其他人都肚皮朝下脸朝前游泳时，我在乎自己搞笑的泳姿吗（从远处看，我那是一种非常放松随意的游泳姿势）？当然不！我当然不会因为这点小事退出比赛。

重要的是对自己说了什么。跑步时，我的脑海里不停地重复着一个故事。就像有一个 ESPN 的评论员在我心里讲话一样，只不过说话的是我自己。"我很强，我专门进行了训练。我知道自己在做什么。我害怕过，我想放弃。但我不是个轻言放弃的人。"这样的话不停地在我的脑海里浮现。在我看来，想成功完成一项称得上折磨的运动，唯一的方法就是不停地给自己打气。

我在大卫·A.维特赛特、福利斯特·A.道格纳和唐吉拉·马本·科尔合写的《不跑步之人的马拉松训练》这本书里学到了很多这方面的知识。跑步的时候，"我的腿像灌了铅一样"和"我很好，这很轻松"这两种说法可是有着非常大的不同。有什么样的想法确实很重要。消极的想法不可避免，但重要的是要用积极的想法取代它们。关于成功心理学还有一本好书，是博恩·崔西撰写的《最大化成就》。

不要因为某些事看起来很难就放弃。这是心理暗示的一部分：不要仅仅因为预想到未来的任务很艰苦就放弃。不少女性在跑步时看到前方有山坡，还没接近山脚她们就放慢了脚步。她们想到未来会比较艰难，所以还没尝试就放弃了。

就是这个原因，让我在看到有山坡后加速起来。我会跑得更快。山坡就像心理障碍一样，它们没有那么难以征服，只是看起来很难征服而已。生活也是如此。面对挑战时，就要付出更多努力，努力才会起到作用。无论如何你都会登上顶峰，只不过有了更积极的心态，你会拥有更好的感觉。

为当天埋单，别忘了这种感觉有多好。"为当天埋单"，这是我爸爸的口头禅，也可以用在养成良好健身习惯上。把锻炼看作为了得到长久、健康生活而必须每天付出的入门费吧。重要的不是每天什么时候锻炼，只要在某个时间"埋单"就行了（当然你也可以休息几天，抓住精髓就可以）。

通过周六早上参加铁人三项的方式"为当天埋单"，这个感觉太美好了，我为这次比赛而进行的那些训练让我有这种感觉。没有其他事情能像运动一样让我快乐、给我自信，尤其是为铁人三项或马拉松这样的大型赛事而进行训练。

弄清楚自己的"流通货币"是什么——也就是能让自己的过得更好的关键活动，别忘了"为当天埋单"是一种多么美好的感觉。

毕业生的建议

关于健身：不要像对待学士服那样把这个问题束之高阁！

我就这么做了，结果胖了 15 磅再想瘦回去就没那么容易了。

——E.S.，密歇根大学安·哈伯分校

学会做饭！下厨是节省食品开支的好方法，也很容易让自己充满创造力。我对烹饪的兴趣让我明白了农贸市场的价值：要吃本地产的、有机的食品，还能省钱。自己做饭款待室友或者朋友，花费也不高。一顿好饭加上一瓶红酒，朋友间分摊一下，一个人也就出几块钱而已。自己的厨艺越高，吃得就越好。

——劳伦·J，加州大学戴维斯分校

关于健康：参加本地的活动。什么活动都可以！去 active.com 网站上挑一个。这能迫使你运动，让你对自己负起责任。毕业后的生活很忙碌，你得强迫自己动起来。一周在椅子上坐了超过 40 个小时，这可不算运动，起身走到饮水机也不算运动。

——梅根·S，韦斯特蒙特学院

就像管理信用卡账单一样，不要让体重失控。养成好习惯，设定食品预算，这样你就不会每两三年就会多上一圈肥肉。想象一下自己 10 年后的样子就会有决心了。

——卡西·B，加州大学伯克利分校

大学毕业后，我缺乏足够的动力经常锻炼。我发现解决问题的最佳方法就是加入团队。加入一个休闲团队，参加活动，只要能定期锻炼就行。具体运动不重要，重要的是有人监督你、需要你。这么做会迫使你起床（或者从沙发上跳起来或者从办公室里走出来）锻炼！

——劳伦·H，克莱尔蒙特·麦肯纳学院

深度探索：我的健康宣言

这是我的健康宣言——在健康问题上，这份写满原则和宣言的清单能提醒我这一切是多么重要。

· 我致力于健康的生活方式。

· 我的身体是一套运转良好的机器。通过避免不健康饮食，我让自己的身体保持清洁。

· 限制糖、盐和脂肪的摄入，尤其是包含以上三种物质的食物。

· 饿的时候我会吃饭，饱了就停下来。慢慢吃饭，享受食物。

· 寻找其他减压方式，而不是在伤心、无聊或重压之下暴饮暴食。

· 对待健康和锻炼，要保持一步一个脚印的态度。无论环境如何变化，尽量做出最健康的选择。

· 内啡肽（类似大脑自主产生的吗啡）能为心情和自信带来无与伦比的积极影响。我之所以是我，之所以快乐，就是因为锻炼身体。

· 记住身体健康时的着装让自己拥有多大的自信。

· 我对自己保持健康的能力乐观而有自信。

· 我总会偷懒，也会有不开心的时候。别纠结于自己的错误，重回正轨最重要。

· 我的身体是我的朋友，不是敌人。我们共同合作，是一个整体。

· 经常感谢自己的身体，因为它健康、努力地运转。

· 我命由我不由天。关注当下，而不是去担心在剩下的人生中是否要保持好习惯的问题。

你的健康宣言是什么？

请写下你愿意为之努力一生的健康宣言，这并不意味着你必须完美地遵守其中的每一条。保持健康是一生都要为之努力的漫长过程。

- _____
- _____
- _____
- _____
- _____
- _____
- _____
- _____
- _____
- _____

✗　练习：赢得自己与锻炼的"战斗"

我们经常要面对与锻炼和健身有关的"战斗"。你知道自己应该锻炼，可各种各样的借口，以及"我就是不想动"的念头让你很快忘记了自己的美好愿望。这个练习能够帮你认识到阻挡在你和锻炼之间的障碍到底什么，并帮你找到能让自己充满动力的习惯和额外的支持。

1.你经常用来逃避锻炼的借口是什么？

_____

_____

2. 与太累或太忙这样的借口相比，什么对你来说更重要（比如充满活力的感觉，自信心提升）？

---

3. 哪些举动能激励你，或者能让你开始锻炼（比如前一晚准备好锻炼用的衣服）？

---

4. 每天什么时候最方便进行锻炼？提前计划好锻炼时间后，又会出现哪些障碍妨碍你进行锻炼？

---

5. 你如何把锻炼和自己喜欢做的其他事情结合起来？你最喜欢的让自己动起来的方式是什么？

---

6. 坚持锻炼计划后打算怎么奖励自己？

提示： 登录我的网站，找到简便的健身与活动追踪模板。

来自推特的建议

有哪些饮食或健身习惯帮助你在大学毕业后保持了健康？

@ryanstephens：穿戴整齐出门就对了，剩下的一般都会顺其自然。如果一顿饭吃得不好，那下顿吃好点！

@Kelseyonthego：付钱到一家环境良好且封闭的健身房锻炼是值得的，这能让健身变得方便、舒适，这也是对未来的投资。

@cubanalaf：我练瑜伽、游泳和跆拳道。运动项目可以换着来，否则会有无趣的感觉。每周至少安排四天时间锻炼。

@KunbreCoach：在健身方面，你永远也不会抵达"终点"。说实话，这是一个适用于整个人生的道理。

@solitarypanda：饭吃八分饱。在餐馆吃饭时，吃一半就够了，把另一半打包回家。

@PuraVidaChris：在餐馆吃饭时，记得把剩下的打包回家。接下来几天的午餐和零食就有着落了。

@TomOKeefe1：保持充足睡眠，在晚上9点半之前上床。第二天早上你会感谢自己的。

人生金句

仅靠运动，便支撑了我们的精神，让我们的头脑充满活力。

——西塞罗

生理上的健康不仅是拥有健康身体的最重要因素之一，也是富有活力和创造力的智力活动的根本。

——约翰·F.肯尼迪

跑步是清理思绪的最佳手段。

——萨莎·阿兹维多

你最好把比萨切成四片，我还没那么饿，吃不了六片。

——尤吉·贝拉

吃东西的快乐，不在于昂贵消费换来的口味，而是在于自己。

——霍瑞斯

剥夺是失败之母。

——蜜芮儿·朱利安诺

一个人如果吃不好，他也不能很好地思考、很好地爱、很好地睡眠。

——弗吉尼亚·伍尔夫

没有什么能比艰苦的锻炼更能让我走出坏心情的了。这个方法从来没有失败过。对我来说，锻炼等于奇迹。

——雪儿

运动是改变一个人生理、心理和精神状态的良药。

——卡罗尔·韦尔奇

告诉我你吃什么，我会告诉你，你是怎样的人。

——让·昂泰尔姆·布里亚－萨瓦兰

活跃的大脑不可能存在于不活跃的身体中。

——乔治·S.巴顿将军

习惯就是习惯，不可能被别人随意改变，不过每次尽量迈出一小步。

——马克·吐温

如果你不为自己的身体做最好的打算，最后吃亏的是自己。

——朱利叶斯·欧文

我没有对自己说出做不到的原因，而是告诉自己能做到的理由。

——佚名

凭兴趣，你会做省力便利的事；凭决心，你会付出全力。

——约翰·亚萨拉夫

保持精神和身体健康的秘诀，就是不念过去，不畏未来。不要烦恼未来的麻烦，而应智慧而真诚地过完剩下的时间。

——佛

推荐阅读

《暴饮暴食的终结：控制无法满足的美国好胃口》
大卫·凯斯勒

《四天的胜利：结束自己的节食战斗，实现内心的平静》
玛莎·贝克

《食物规则：吃货手册》
迈克尔·波兰

《制订计划！认真对待自己的体重、健康和情绪状态》
鲍勃·格林

《不跑步之人的马拉松训练》
大卫·A.维特赛特、福利斯特·A.道格纳、唐吉拉·马本·科尔

《走向平衡：和罗德尼·易的八周瑜伽训练》
罗德尼·易

《法国女人不长胖：快乐饮食的秘密》
蜜芮儿·朱利安诺

《活力成瘾：让自己的生活变得更有活力的 101 个生理、心理和精神之道》
约翰·高登

《新手的烹饪书：或者说，三分钟的鸡蛋我要做多久？》

杰姬·艾迪、艾琳诺·克拉克

《吃这个，不要吃那个！上千种简单的食物替换，能帮你减掉 10 磅、20 磅、30 磅，甚至更多！》

大卫·辛森科、马特·戈尔丁

《全心投入的力量：管理能力而非时间，才是高水平表现和个人新生的关键》

吉姆·洛尔、托尼·施瓦茨

Chapter 9
娱乐与休闲：
没有人是永动机

> 你的生活，要么是一场庆典，要么被琐事占据。选择权在你。
>
> ——佚名

娱乐与休闲关注的就是你自己，重要的就是让自己重新获得能量。花时间做自己喜欢的事情，在工作和娱乐之间创造出一种平衡。回想自己最美好的记忆时，你会发现，大部分的美好记忆都是和朋友或家人在一起，而不是在最后期限前完成任务或是完成一份特别的工作。

本章包括：

◇ 发现能让自己开心的事情

◇ 通过旅行开阔视野

◇ 在生活和工作的巨大压力下找到放松的方式

9

 詹妮的忠告

· 每个人内心深处都住着一个艺术家的灵魂。也许是写作，也许是绘画，
也许是创作音乐，也许是跳舞，找出自己所具备的的艺术创造力。在
生活中为这些事空出更多时间，比如参加兴趣班，或者多留出些练习
的时间，哪怕每周只抽出一小时也行。

· 无论你对自己的工作和感情多么用心，如果你不能给自己留出一些时
间，那你的工作效率既不会很高，和你也在一起也不会太快乐。

· 娱乐和休闲是主观而私人的事情，给自己时间，做任何自己喜欢的事情。
要随意，不要拘束！

· 保留两份清单：一份死前想完成的人生目标清单（参考本章的人生目
标练习），还有一份短期的"25岁前想做的25件事"（或者确定一
个即将到来的日期）。

· 搞明白什么事能让自己充满活力。手边留一份事件清单，以备情绪低
落或无聊时参考。

· 享受乐趣并不一定是做一些疯狂的大事。要在日常生活中寻找乐趣。

· 如果你凡事都要做计划，那时不时地给自己留出一天不做规划。在这
一天，允许自己睡醒时再决定做什么，不要列出待办清单，也不要提
前设定需要执行的计划。

出门旅游，就是现在！

- 为旅游建立一储备账号，每年至少省钱出去放松一次。
- 如果没钱进行长途旅行，那就计划一个周末 3 天的行程，自己去或和朋友去都行。打破每日常规能让你从全新的角度看待生活。
- 订阅航空公司的促销邮件，这样可以得到机票打折通知。如果在为下一次旅行做好准备前都不想受到类似邮件的打扰，在收件箱里设置一个"旅行"文件夹，把相关邮件直接收进这个文件夹，等自己准备好时就能随时翻阅。
- 把旅行当作结识新朋友，和身边的世界进行互动的机会。即便自己在听音乐，也要跟飞机、火车上坐在自己身边的人聊天。通过这种方式，我认识了不少很好的朋友。
- 参加一次志愿旅行——现在有不少组织把志愿服务作为旅行的一部分（比如到非洲教三周英语）。这是在探索世界的同时，更深入了解当地文化、认识新朋友、为世界做出贡献的好办法。

生活是马拉松，不是短跑冲刺，保证自己得到充分休息

- 每天找机会让自己重新振作、重新获得活力，尤其是在周末。
- 冲个澡，出门散步，读一本好书。做那些你喜欢的事情，能让你的生活节奏慢下来，享受自己的生活。
- 音乐是特别有效的放松工具，大自然也是。听着音乐来一次远足或者自行车之旅，欣赏周围的景色和声音足矣。
- 每天至少保持 5 分钟的彻底安静。
- 睡觉之前，平躺在床上，闭上眼睛，感受身体的每个部分慢慢地陷入床中。让自己得到彻底放松。放松每一块肌肉；让下巴、眉毛、眼睑、手指和脚趾的紧张感逐渐消失。享受彻底放松的感觉。

深度探索：我的沙盒人生

现在的生活，值得你为此付出的代价吗？

我希望在沙盒里度过自己的人生，时间有着限制和规则。就像在沙滩上的所有沙子都可以玩，但是在沙盒里，一切都有边界。我的行动、经历发生在提前计划好的特定时间里。

我的宇宙：回到自己的房间，直到学会慢下节奏，否则不要出来

曾经有那么一刻，我举起双手大喊："宇宙，你想从我这里得到什么？！我听着呢！"记不清是哪个周三，当我结束了几节人生指导课程后，突然发现自己痛苦地蜷缩在公司会议室的地板上。15 分钟前晕倒后，我就这样躺在了地板上。我觉得坐起来，或者掏出手机打电话取消下一个会议，这样简单的动作都能让我把胃里的东西全吐出来。我感觉那一周的眼睛痉挛已经蔓延到了全身。

我知道自己过劳了，因此而精疲力尽。因为我没有对此做出任何改变，我的身体和宇宙联合起来，对我发出信号，直到最终引起了我的注意。

反思了把节奏慢下来（我通常不会倾向这种想法）的意义后，我意识到，我希望能更谨慎地保养、更有计划性、更像在沙盒中那样生活。

带我去海滩！

在海滩上，生活是不一样的。每天不是从一个小时过渡到下一个小时，而是从心境跳跃到当下的时刻。我们跟随眼下的一切，随着海浪计划下一步，跟着太阳而动。

——桑迪·金格拉斯

经历晕倒事件后，我确定自己需要更多自由呼吸的空间。"是时候稍微放松对自己的控制了，该慢下来了"，就算我不知道如何慢下来，放弃某些控制权还是让我十分担心。

从那之后，我就尽力在生活中为自己创造更多空间，就是做自己。同时还要为陪伴我的人创造空间，不要有把他们限制在我人生沙盒中的感觉。

虽说我不是总能找到合适的平衡点，但是在慢下生活节奏、创造空间方面，我要么尽力做到最好，要么什么也不做。我觉得这才是重点。

或者像我朋友安德鲁·诺尔克罗斯说的那样，"拥有一堆沙盒，不如直接去海滩。"

希望我们都能找到最适合自己的平衡，在条理和混乱中找到平衡，在沙盒和漂亮的海滩之间找到平衡。

深度探索：温度检查——你的生活质量如何

如果在腋下夹一个"生活质量"温度计，测量你对自己是否够好，测出来的温度会是多少？考虑一下自己整体的情绪、活力水平、对自己行为的满意程度，以及个人整体状态。

测量"生活质量"温度的三个问题

· 我现在的生活习惯健康吗？

· 我对生活的哪部分大意了？

· 我该做什么，才能重新补足能量，让自己每一天／每一周都保持兴奋和开心？

对于上述任何问题，留出改进空间。能提高自己生活质量的下一步，就是投入精力——选择那些你相信能让自己健康、高兴并充满活力的活动。

以下是我的个人例子：

10 个提高我生活质量的小办法

1. 每天锻炼。

2. 每天至少到室外呼吸一次新鲜空气。

3. 多喝水。

4. 和别人打招呼时面带微笑（即便是陌生人）。

5. 早睡觉，回家后立刻放空。

6. 少打盹。

7. 和别人进行有意义的一对一交流。

8. 尽量不要同时处理多件事。集中精力在当下时刻，享受现下的生活。

9. 当生活变得难以控制时，在一天当中停下来，做三次深呼吸。

10. 对自己更好一些。

这些就是我提高生活质量的办法，你的呢？

10 个提高你的生活质量的办法

1. _____

2. _____

3. _____

4. _____

5. _____

6. _____

7. _____

8. _____

9. _____

10. _____

⊗ 练习：治愈自己的"明天"症状

拖延症是个糟糕的习惯，它让你把本该前天做完的事拖延到了后天。

——拿破仑·希尔

在哪些事情上你养成把拖延到第二天才解决的习惯？如果今天着手解决，哪两件事会给你的生活带来最大改变？

1. _____

2. _____

是什么在阻挡你今天立刻着手的？

_____

_____

_____

_____

你如何激励自己，保证你真的很想做的事最终能够实现？

_____

一些建议

- 和朋友搭档。

- 为自己设立奖励制度。

- 从小事开始——选择一件能带来最大改变的事，从这里开始。

- 别给自己脱身的借口！克服拖拉的念头，也就是传说中的"明天我肯定做……"

- 想想自己在第二天或者下一周准备做什么，头一天晚上写出一份明确的清单。

  你还能做什么，才能更好地把以上行动结合到每日的常规生活里？

🎓 大学毕业生的建议

拥有自己的专属活动。无论是弹奏乐器、跑步、做瑜伽、读诗，还是坐在办公室里无视任何人——找到个人时间，逃离工作、家人和世界的压力，这实在太重要了。当形势变得异常艰难时，相信我，你进入"这个区域"的能力会拯救你，帮你渡过难关。

——LVL，亚利桑那州立大学

去做那些对你来说重要的事。就算你必须完成其他更重要的事，还是要抽出时间让自己高兴。

——塔拉·C，加州州立大学萨克拉门托分校

我真希望自己能把更多时间用在旅行上。尽管没什么钱，但我还是去欧洲旅行了 3 个月。如果我能意识到旅行到底有着多么重要的意义，我一定会想办法打些零工快点挣钱，完成 6 个月的旅行。大学毕业是旅行的最佳时机，也同样是你最能适应不够高档的生活环境的一段时间，所以这也让省钱变得更加容易。

——劳伦·J，加州大学戴维斯分校

懒一点没关系。只要你愿意，整个周末坐在沙发上看电视剧《法律与秩序》，这都没问题。只是不要养成习惯。不要因为偶尔犯懒而产生罪恶感，放松一下没什么。别把生活搞得太紧张，弄得自己必须专门找出一个周末放松才行——时不时小休息一下，防止自己彻底累垮。

——让·博伦巴克，塔夫茨大学

深度探索：掌控每一天

> 亡命竞赛的问题在于，就算你赢了，你还是亡命徒。
>
> ——丽莉·汤姆林

你可以选择，要么你成为生活的主人，要么让生活成为你的主人。掌控每一天意味着，在一天开始前，有目的地抽出时间，让自己成为主人。

被时间奴役就会出现这样的状况：清早被讨厌的闹钟吵醒，又打了几个盹后从床上跳起来，匆匆忙忙地穿好衣服，匆匆忙忙地上班，咒骂糟糕的交通堵塞，被电子邮件、工作要求、各种琐事和会议轮番袭炸，下班后匆忙赶回家，看着难看的电视节目，睡觉，重复前一天的生活。

掌控每一天意味着抽出时间思考自己每天想要做什么。什么能让自己高兴？什么能让你清爽地开始每一天的生活，气定神闲地做好每件事？

最理想的一天，我会在每天早上做以下事情：读报，健身，至少练习15 分钟瑜伽，坐下来享受早餐（独自或者和朋友一起吃），喝一杯高质量的咖啡，在上班的路上听一段好音乐。

要是由我做主，以上所有事情都是我每天必做的。事实上，做主的确实是我。我只要发挥想象力，为此空出时间就可以了。如果你不把掌控自己的每一天当作优先考虑的事情，不能用一种崭新而富有活力的方式开始每一天，生活就会碾轧你，你也不过就是亡命竞赛里的一个亡命徒罢了。

哪一件事上你能做出的改变，可以让你掌控自己的明天？

深度探索：伸手可及的幸福

快乐并非藏在事物之中，而是藏在我们心里。

——查尔斯·瓦格纳

什么能让你真正开心起来？

当我在经济上遇到困难时，我脑子里蹦出来的第一个念头就是钱。但接下来问题就变成了"如果我能用那笔钱做任何事，我会做什么？"如果做不了自己最喜欢的事情，就算坐在钱堆上我也不会开心，于是我列出了一份"能让我开心的事情"清单，简单而又具有可行性。有些更费钱，不过所有事情都可以在 100 美元内完成，特别是在创意十足的前提下。

能让我开心的事情

1. 读报纸

2. 在我最喜欢的咖啡店里看书

3. 和朋友一起去吃早午餐

4. 参加体育活动，到现场看足球和棒球赛

5. 瑜伽（在家或者出门上课都可以）

6. 和朋友聊天

7. 出门吃顿大餐（必须要喝红酒、吃甜点！）

8. 跳舞

9. 寻觅二手书

10. 遛狗

11. 出门跑步、骑车或者游泳

12. 一个人长途开车

13. 听音乐

14. 旅行

15. 写作

哪些活动能让你开心？

1. _____

2. _____

3. _____

4. _____

5. _____

6. _____

7. _____

8. _____

9. _____

10. _____

练习：我理想中的一天——疯狂填词游戏（Mad Lib）

还记得疯狂填词游戏吗？在这个游戏里，你和朋友要把脑子里想到的第一个词填进空格，组成一个个搞笑而滑稽的故事。

疯狂填词游戏和创意广告很像，这些都是即兴发挥。在这个"理想中的一天"的练习中，充分发挥自己的想象力吧。在下面的空格里填上最让人兴奋的回答，而不是最理性、最有实践意义或者最有可能的答案。如果这一天在现实生活中不可能发生（因为旅行的现实状态等等），这也没什么，重要的是享受乐趣！（如果写不下，那就再找一张纸吧。）

我理想中的一天

太阳升起来了，经过一夜充足而踏实的睡眠，我伸了伸懒腰，在 _____（时间）睁开了眼睛。我看了看 _____（我睡觉的地方）周围，花一分钟时间欣赏 _____（吸引自己的房间或周围的环境，包括是否有人陪着）。

当我做好起床的准备后，我穿上 _____（最喜欢的衣服或最舒服的衣服），坐下来，一边看着 _____（周围环境的另一部分，也许是大门，也许是眼前的东西），一边吃我最喜欢的早餐 _____。吃早饭之前或之后，为了让自己为一天的生活做好准备，我也许还会抽时间 _____（锻炼或者其他活动）。

吃完早饭，我特别兴奋，因为我知道有一整天的时间等着我去做 _____（第一件事），_____（第二件事）以及 _____（第三件事）。多么完美的一天！我甚至还会打电话给 _____（第一个人）以及／或者 _____（第二个人），邀请他们加入我。既然我能随意去任何想去的地方旅行，我大概会开始几个短途旅行，前往 _____（理想地点1）以及 _____（理想地点2）。

过完漫长而有趣的一天，做了自己想做的事，我坐下来享受自己最喜欢的一顿饭。我一直对别人说，如果我被遗弃到一个荒岛上，余下的一辈子只能吃一样东西的话，我就会吃这顿饭的东西。幸运的是，我能把这顿

饭做成一顿大餐，其中包括 ＿＿＿＿＿＿＿＿＿＿（最喜欢的开胃菜 1），

＿＿＿＿＿＿＿＿＿＿（最喜欢的开胃菜 2），＿＿＿＿＿＿＿＿＿

（主菜），＿＿＿＿＿＿＿＿＿＿（甜点），还有我最喜欢的饮料

＿＿＿＿＿＿＿＿＿＿。吃饭前，因为完成了一件让我无比自豪的事情

＿＿＿＿＿＿＿＿＿＿，我敬了自己一杯酒。

　　结束一天的生活前，我会抽时间做最喜欢的事，或者和其他人一起放松一下：＿＿＿＿＿＿＿＿＿＿＿＿＿＿＿＿＿＿＿＿＿＿＿＿。

　　我感到放松、快乐而享受。我很高兴在生活中拥有 ＿＿＿＿＿＿

＿＿＿＿＿＿＿＿＿＿ 和 ＿＿＿＿＿＿＿＿＿＿＿＿＿＿＿＿。

　　回到家后，我会花一分钟，为自己过了如此完美的一天感到高兴。

　　我列出了让这一天如此美妙的原因：

＿＿＿＿＿＿＿＿＿＿＿＿＿＿＿　　＿＿＿＿＿＿＿＿＿＿＿＿＿＿＿

＿＿＿＿＿＿＿＿＿＿＿＿＿＿＿　　＿＿＿＿＿＿＿＿＿＿＿＿＿＿＿

＿＿＿＿＿＿＿＿＿＿＿＿＿＿＿

　　睡觉的时候，我的脸上带着大大的微笑。能让这一天成为现实，我非常自豪，我已经等不及明天再次这么做了。

　　此致，

＿＿＿＿＿＿＿＿＿＿＿＿＿＿＿＿＿＿＿

（你那价值百万美元的签名）

理想中的一天的总结

　　哪个主题让你的一天过得这么好？你的生活中已经包理想中的一天的哪个特质？还有哪些特质，你只需要多一点点努力就能得到？理想中一天的哪些部分需要自己设定长期目标才能实现（比如经济、旅行或者职业生涯）？

你也许没有意识到，就算你无法马上拥有理想的一天，其实也比自己想象得更接近理想状态了。选择一件每天可以做到的小事，向着"理想中的一天"再迈进一步。积少成多！

Ⓧ 练习：你的人生目标是什么

无论写在纸上，还是埋藏在内心深处，我们每个人都有自己的人生目标清单，也就是自己死前想做的事。普通的目标，比如买房子、升职，通常都是严肃的目标；人生目标的重点则是乐趣、冒险以及终极的满足感。我写在网上的人生目标超过了 150 个，不过现在，我会分享一些我最喜欢的目标。

我的人生目标节选：（无特定顺序）

1. 去非洲旅行。

2. 写一本书——这不就完成了！

3. 在纽约（或者国外）至少住 6 个月。

4. 跑完一个马拉松（无论用跑、走还是爬）——完成时间：2008 年 10 月。

5. 在棒球赛季，开车去全美各地的职业棒球队主场看比赛。

6. 亲眼看到埃及的金字塔。

7. 去大峡谷玩漂流。

8. 完成瑜伽教师培训——完成时间：2010 年 10 月。

9. 玩美式足球时，投出高水平的螺旋球……稳定地提高水平——还在努力中。

10. 学会自己换汽车轮胎。

11. 在超过 500 位观众面前演讲（不算高中毕业典礼）。

12. 坐飞机去一个我从来没去过的城市看"珍珠果酱"乐队的演唱会。

13. 在"玫瑰碗"比赛里，坐在 50 码线的位置，看一场 UCLA 校队的比赛——完成时间：2009 年爸爸的生日。

14. 给某人办一个惊喜派对。

15. 上课学习高空秋千杂技。

16. 给自己买一双克里斯提·鲁布托高跟鞋——完成时间：2010 年 6 月。

17. 踏上每一个大洲的土地（还剩澳大利亚和南极洲）。

18. 潜水看鲨鱼的时候不钻进保护笼里？！（这是我最害怕的事⋯⋯）

19. 把一辆车捐给慈善机构——完成时间：2009 年 1 月（安息吧我的金色子弹！）

20. 参加主流的早间电视节目（比如《早安美国》或《今日》），谈论我的书（继续为我祈祷吧！）

轮到你了！你的人生目标是什么呢？千万不要把目标限制在你觉得有可能实现的事情上——在钱和时间都不是问题的前提下充分发挥想象力。（各位还可以使用我的网站 LifeAfterCollege.org/blog/templates 设置的模板。）

你的人生目标：

1. _____

2. _____

3. _____

4. _____

5. _____

6. _____

7. _____

8. _____

9. _____

10. _____

11. _____

12. _____

13. _____

14. _____

15. _____

来自推特的建议

大学毕业后，你如何为娱乐与休闲留出时间？在预算内做到这两点有什么建议？

@CornOnTheJob：成年人不过是背负责任的孩子而已。别忘了该玩就玩，每天都要玩。

@GracekBoyle：我们有很多有趣而且免费的选择。试试远足和户外运动，本地的休闲活动，还有集体娱乐活动（这样能分摊酒店费用和其他花销）。

@OpheliasWebb：每天空给自己留出一小时，做自己喜欢的、能让自己放松的事。就算晚上 9 点或是早上 6 点也无所谓！

@ValerieElisse：如果你手头比较紧张，那就读读书，或者去户外散散心。让自己摆脱尘世的喧嚣。

@Lauren_Hannah：每天给自己留出时间。别忘了，你比工作更重要。做任何能让自己开心的事。

人生金名

生活不是带着一副漂亮而保存完好的身体平安走向坟墓的旅程，而是经历磨难、彻底使用、完全透支，然后大声宣布："哇，多么了不起的一段旅程！"

——比尔·麦金纳

学会在遇到麻烦时大笑，你的生活就再也不缺笑料。

——林恩·卡罗尔

生活、工作，但是不要忘记玩乐。在生活中寻找乐趣，真正享受生活。

——艾琳·卡迪

除非在自己的工作中找到乐趣，否则你无法取得成功。

——戴尔·卡耐基

创造力是发明、试验、成长、冒险、打破常规、犯错以及享受乐趣。

——玛丽·卢·库克

有时候，治疗焦躁不安的良方，就是休息。

——科莉恩·温赖特

没必要为了寻找内心的平静而去印度或其他。你能在自己的房间里、花园里、甚至浴缸里找到它。

——伊丽莎白·库伯勒－罗丝

生命的质量取决于其活动。

——亚里士多德

如果你遵守所有的规则，你就会错失一切乐趣。

——凯瑟琳·赫本

我的人生多么美好！我只是希望自己能更早意识到这一点。

——柯莱特

生活大师不会在工作和游戏之间划定出明确的界限。他的劳动和休息，他的心理和身体，他的教育和休闲，他很难将这些区分开来。无论做什么，他只是在追求自己眼中的卓越，而留待他人评价自己是在工作还是在玩乐。对他来说，他在做的，一直是这两者。

——弗朗索瓦－勒内·德·夏多布里昂

推荐阅读

《美妙之书：下雪天，烘焙的香气，找到口袋里的钱，以及其他简单而出色的事情》

尼尔·帕斯理查

《梦想，列出清单，动手实现！如何过上目标更广大、更大胆的生活，43Things.com 的人生目标专家为你支招》

莉亚·斯迪克里

《值得高兴的 14000 件事》

芭芭拉·安·吉普弗

《愿望清单》

芭芭拉·安·吉普弗

《延迟现实世界：20 岁寻求冒险指南》

科莉恩·金德尔

《死前要去的 1000 个 different：旅行者的人生目标清单》

帕特里夏·舒尔茨

《人生的旅行：世界上最好的 500 个旅行地》

国家地理

《实现公路旅行的梦想：用宅在家的预算旅行一年》

菲尔·怀特、卡罗尔·怀特

《最大程度利用自己在地球上的时间：1000 个终极旅行体验》

拉夫·盖尔兹

《提高标准 生活和工作中的诚实与激情——克里夫·巴尔公司的故事》

加里·埃里克森、路易丝·罗伦岑

Chapter 10

个人成长：
敢不敢对自己好一点？

> 苟日新，日日新，又日新。
>
> ——《礼记·大学》

个人成长，就是抽出时间，搞清楚工作之外的自己到底是怎样一个人。或者说朋友、家人和社会对你的定义如何。这意味着通过关注自己在生活中所做的事，明确自己的本性。

个人成长意味着明确最能让自己高兴，最能让自己满足的事情，发掘更多自我的本质，同时将人生的大目标联系在一起。个人成长还意味着享受人生旅程，而不仅仅关注最终的目标。就像远足旅行一样，我们把大部分时间都花在了山间的行走上，真正在山顶欣赏风景的时间，只有那么几分钟。生活就是一系列的挑战和机遇，点缀着成功与成就。这一章，就让我们带着好奇心，带着包容的心态和一颗温柔的心，重新检视这一切。

本章包括：

◇ 重新找回真正的自我

◇ 检视重大的生活改变和转折

◇ 把不愿面对的现实转变为成长的机会

◇ 平息内心的"自我批评"

◇ 投身学习和发展之中

◇ 学习如何培养更多的快乐和感激之情

10

 詹妮的忠告

有目的地生活，每天都是机会，为创造自己真正想要的一切而努力

- 在个人发展方面，你可以任由自己自由生长，也可以带着目标主动成长。为自己留出读书、反思的时间，写下自己的人生目标，以及需要付出的努力。
- 和那些能够挑战你，激励你成长，帮助你变得更好的人在一起。
- 在个人成长中，放松自己，并且学会如何享受眼下的生活，这和实际"动手去做"同样重要。人生永远不会完美——这一刻，就是眼下这一刻是否快乐，决定权在你自己。
- 不要放弃梦想。如果经济上比较紧张，想办法把自己喜欢做的事情融入到日常生活之中，即便每周只能抽出一小部分时间，这同样很有意义。

小心地照顾自己，谨慎反思。

- 让自己的生活节奏慢下来。关注自身状态，而不仅仅关注自己正在做什么。如果你总是忙个不停，你会错失很多宝贵的机会。
- 生活中满是平凡的琐事：查电子邮件、洗衣服、看电视、忙工作、尽义务。留出时间，实现自己的远大目标。
- 就算不能每天抽出时间，每周也要留出独处时间。最开始也许很难，但这却有助于灵魂的升华。

改变是好事！学会热爱并接纳改变，这通常会是耳目一新的有益体验

· 改变通常能为生活带来新的机会——新人、新地方、新体验。就算改变让人恐惧，但恐惧本身也是让人生如此刺激的原因之一，不要逃避。

· 那些所谓的失败或危机，通常都是个人成长过程中遇到的最大机遇。关注学习的过程，以及这样的经历如何帮助自己成长就可以了。

· 人们说，凡事皆有因。相比成为现实环境或事件的受害者，还是要主动寻找机会或是新的选择。就像老话说的那样："上帝关上一扇门的同时，也会为你打开另一扇门。"

· "不确定"通常孕育恐惧，而恐惧让人失去勇气。不要让这种事发生在自己身上！想一想在自己的能力范围内能做出什么改变，尽量别去担心其他事情。

阶段性地对价值观进行调整，以符合自己最真实的变化

· 个人成长就是要定期检视自己的价值观，始终保持真我。（返回第一章的价值观练习）

· 如果你在生活中没有遵循自己的核心价值观，那你的生活状态很可能既紧张又悲哀。出现这种状况时，问问自己，你打破了自己的哪些约定？你是如何让自己失望的？

· 外界在个人成长形式方面有很多资料，能指导你更深入地了解自己。寻找最适合自己的一种方式（比如博客、播客、书、语音书、聘请人生指导等等），进一步探究。

友善、慈悲地对待自己

· 你目前的状态就是完美的，它能帮你到达明天的目的地。

· 每个人内心都有一个批评自己的声音，说我们在某种程度上不够好。

学会分辨主观意见和客观事实的区别。（查看本章最后的"自我批评目录"。）

· 管理内心"自我批评"的声音，并不是让这种声音彻底消失——它是不可能消失的。重要的是降低它的音量，或者"换个频道"。你是不是整天都在听"自我批评"这个频道？当你注意到这一点时，有意识地切换到自我鼓励的心理状态（这需要练习）。

心存感恩

· 对于已经取得的成绩，要予以肯定，明白自己的生活已经相当丰富了。

· 懂得感恩很重要——每天找时间，感恩生活中值得感恩的小事，比如身体健康，比如拥有家人。

· 一天过得不好？停下来，在大脑里列出五件值得自己感恩的事情。你还可以考虑写"感恩日记"，每天在上面写下五件事。

· 通过志愿义务工作融入社区，这是另一个了解人生的好方法。帮助不幸的人，能提醒自己感恩一切值得感恩的事物。志愿工作还能为你的简历增加亮点（别忘了好人有好报！）。

· 情绪低落时，给别人写感谢卡，这能给他们带来好心情，也有可能给自己带来一些温暖的感觉。

深度探索：秋千的隐喻

这是我最喜欢的关于改变的故事之一，是达纳安·帕里《真心勇士》这本书的节选。我的摘录得到了正式授权。

把对转变的恐惧，变成对恐惧的转变

达纳安·帕里

有时候我觉得，我的人生就像不停地荡秋千。我有时站在秋千的横木上摇动，有时候在秋千之间穿梭跳跃。

大部分时候，我把自己的人生维系在脚下的那根秋千横木上。它让我在摇摆中有了一定的稳定感，我有一种感觉，好像掌控了自己的人生。

我知道绝大多数合适的问题，我甚至知道其中的一些答案。

但时不时的，当我高兴地（或者不高兴地）在秋千上摇晃时，我看向远方，我看到了什么？我看到另一个秋千横木正在朝我飞过来。那上面空无一人，我心知肚明。在我心里的某个地方，我知道那个秋千横木上刻着我的名字。那是我的下一步，我未来的成长，我的活力正在迎接我。在内心最深处我知道，如我想要成长，我必须放弃紧紧握住的现在，必须离开已知的这根横木，迎接崭新的未来。

每次面对这种情况，我希望（不，是我祈祷）在抓住新的那根横木前，不必彻底放手旧的那根横木。可我明白，我必须彻底放弃紧紧握住的旧横木，有那么几个瞬间，我必须在空中飞跃，直到最终抓住新的横木。

每一次，我的心里都充满了恐惧。尽管过去在未知的空中飞跃后我总能抵达终点，但这并不重要。每一次我都害怕，怕自己会错过下一根横木，害怕我会撞进横木之间无底裂缝里那看不见的巨石上。可我还是飞起来了。也许这就是神秘主义者口中信仰体验的精髓。没有安全保障，没有保护网，没有健康保险，可你仍然付诸行动，因为不知为什么，停留在旧的那根横木上已经不在你的考虑之中了。于是，在一段既可以是一微秒又可以是1000次人生轮回的无尽，在"过去已经过去，未来还未到来"的黑暗中，我飞了起来。

这就是"过渡"。我开始相信，只有在这样的过渡中，才能产生真正的改变。我是说真正的改变，不是只会延续到第二天一旦我旧病复发就恢复原貌的虚伪的改变。我注意到，在我们的文化中，这样的过渡地带被视为"虚无"，是一个在不同区域之间不存在的区域。当然，旧的那根横木是真实的，新的那根正在朝我飞来的横木，我也希望它是真实的。但两者之间的空白呢？那仅仅是一个可怕、令人困惑、令人迷茫的虚无，我们必须尽快、尽可能在无意识的状态下穿越过去的虚无吗？

不！那将是对机会多么严重的浪费啊！我的心里暗暗有种怀疑，只有过渡地带才是真实的，而横木是我们为了避免虚无而幻想出来的，而在这种虚无中，才会发生真正的改变和真正的成长。无论我的直觉是否正确，我们人生中的过渡地带都是无比富饶的地带。它们应该得到认可，甚至得到赞美。是的，尽管过渡过程中伴随着所有那些痛苦、恐惧和失去控制的感觉，可过渡依旧是我们人生中最生动、最具有成长意义、最有激情、最具有广阔感觉的瞬间。

> 除非有放下目及陆地的勇气，否则我们永远也不会发现新的海洋。
>
> ——佚名

这样说来，恐惧的转变也许并不是让恐惧消失，而是允许自己在秋千绳之间的过渡地区飞跃。把我们的需求转变成抓住新横木、抓住任意一根横木，这让我们能够停留在唯一能够真正产生改变的地方。这当然会很吓人，但这同样也会给人真正的启发。在空白虚无中翻滚，我们也许就这样学会了飞行。

深度探索：改变的复杂性，以及接纳之美

不确定性是唯一可确定的，学会如何带着不安全感生活，
才是唯一的安全。

——约翰·阿伦·保罗斯

改变会给人带来可能性、兴奋、全新开始和机会。做出改变可以是呼吸一口新鲜空气，可以是自豪一刻，也可以是为自己的信仰做出的强有力的个人宣言。

但改变也会带来巨大的恐惧、焦虑、困惑和悲伤。任何一个有过痛苦分手经历的人应该都知道我在说什么——在自由和恐惧之间摇摆不定的感觉。为失去的一切感到悲伤，脑海里全是找不到答案的问题，比如"为什么会发生这样的事？"，同时对未来还有一种未知的迷茫。当然，这其中也许还会有解脱、兴奋和希望的感觉。如果不承认自己全部的复杂感情，那是不对的。

有时候你会主动做出改变。你做出了一个艰难的决定，辞掉工作，结束一段感情，或者搬到另一个城市生活。有时候你会对是否做出改变摇摆不定，你会考虑改变的利弊，却未必真的付诸行动。有时候你想改变，但却不知道该如何改变。

还有时候，无论你是否做好了准备，改变会主动找上你。你被老板炒了，被情人甩了，或者失去了挚爱的人。这些改变不会让你立刻产生兴奋或者希望的感觉。但时间会告诉你，我们在这样的改变中才能学到最多经验。这样的改变造就了现在的我们，促使我们思考哪些生活方式真正适合自己。正是这些改变激励我们停下来思考，重新评估自己生活的重点以及

未来生活的方向。

享受未知，享受不知道未来状态具体为何的那种未知状态吧。对自己耐心一些，对朋友也要耐心一些。要知道，改变是一个复杂的过程，我们每个人对此有着不同的标准。当我们做好准备，当我们面对至关重要的抉择时，我们的内心深处都有那么一种力量，让我们能够做出改变、接纳改变。

深度探索：空虚期（以及摆脱孤独）

> 恢复的阶段，就是创造，就是亲密的联系。平常的声音变成了音符之间的音乐，就像每一个字是由文章之间的空格构成的一样。爱情、友情、深度、广度之间的空间，才是真正抚慰人心的。

> ——吉姆·洛尔

就像我之前写的那样，我对自己的生活充满感激；我的生活由各种各样的活动、工作、人和乐趣充实着。即便如此，尤其是在经历转变的某些时候，我总会有一种被空虚淹没的感觉。最开始没人希望面对空虚时期，可最终的事实证明，这样的经历是必要的。

空虚期如何出现在我的身上

有一天，在我分手后几周，当我喝完咖啡送朋友回家后，一种熟悉的感觉开始浮现出来。开车回到我那空无一人的房子时，我感觉喉头一紧，心里涌上一种恐惧，我的房子里，无人可依。

我爱我的房子，这是我在经济上取得的最让我自豪的成就。大部分时候我都是一个人住，能够独立生活、拥有私人空间，我感到无比庆幸。可那一天开车回家的路上，我对周六晚上该做什么没有任何计划（我也是有意这么安排的，因为我生病了），一种彻底的空虚感吞没了我。脑子里闪现的一个个计划、一个个我本该开始却没有着手实施的工作，似乎都在嘲笑我。

我忍不住开始哭泣，脑子里似乎有一个声音在说："看见没有？你根本忍受不了孤独。你说一个人很开心，可你根本不开心。这就是证据。"我知道这个声音说得不对，可我还是感到心痛。

现在我明白，在那些几乎令人恐慌的时刻，如果我能无视这样的声音，我就能在未来见证更深邃的真理。撑过那样空虚的感觉，让我学到了一些有用的教训。

1. 身体信号：当身体发出信号时，注意倾听。

有一段时间，我在 4 个月里生了 4 次病，这比我过去 4 年生病的总数还要多。当时的我极度疲劳，怎么睡也睡不够。就在那段时间，我的感情出现了一些问题。我本该很早就发现自己的健康状况亮起了红灯。如果我稍微留意一些，就会发现我正在透支自己，我无视了那些本该处理的情绪。

不止一次，我不得不跑到办公楼的楼梯井里大口喘气。在那种时候，我不得不睁大眼睛，脑子里突然蹦出了放弃每一份工作、离开每一个朋友的想法。我得彻底取消所有日程安排，放弃所有工作和待办事项，因为这些事情给了我难以承受的压力。我没有逃避，没有让一切崩溃，但我明白，我不能再长期按照这样的节奏生活了。

我相信身体的健康状况是心理和精神状态的外在表现。我们的身体很聪明，它们知道我们需要什么。我的身体要求我迅速停下这样疯狂的生活，重新调整。不让情绪有太大起伏，重新确定工作的优先顺序，允许自己该休息的时候休息。休息的时候，我会让自己进入虚无状态。这种状态里没有活动，也没有其他人，只有我自己。我倾向于避免进入这样的状态，因为这是一种孤独的状态，非常孤独，至少最初的感觉就是如此。

2. 分手：过分努力的空虚。

当我慢下生活节奏，尤其分手之后的周末到来时，我每天都会发现过去不曾发现的空虚地带。我们曾经坐在那里大笑的地方，曾经进行过一段有趣对话的地方，或者曾经一起畅想过未来的地方，突然什么都没有了。有的只是宁静。

为了逃避空虚，我会打电话，或者刷新电子邮箱收件箱，查看推特消息，刷新订阅的博客。我寻找各种各样可以分神的事情，填补我极力避免的空虚。可在内心深处，我明白，我永远也找不回过去这些事情带给我的那种令人心动的兴奋。

我知道唯一的解决办法就是渡过这道难关——沉静下来，让这样的空虚感继续存在。耐心地对待自己，用心倾听自己真正的需求。努力撑过这段空虚的时期，不要用上暂时性的缓解空虚的手段。

3. 远大目标：工程越浩大，空间就越大。

我一直认为写书是我生来就该完成的任务之一。可创作的过程就像坐过山车。我明明在大脑里已经有了成熟的想法，可是在写作过程中的某些时刻，我对自己的怀疑又会占据上风，两者之间的矛盾从来没有停止过。

平常上班时，我幻想着周末写书的事。独自一人坐在咖啡馆，或者坐在家里的壁炉前，写写写。哎，多浪漫啊！可真正到了要坐下来动笔的时候，我突然发现自己被空虚包围了，我害怕了。我突然意识到，我可是要一个人完成这个工程啊！到了最后，这本书能否成功完全取决于我——我的想法，还有我投入的精力（当然，还有家人和朋友的帮助）。我最终学会了如何撑过空虚的方法，我甚至还能带着一丝兴奋应对其中的挑战。可是最初，这一切并不容易。（在这个问题上，斯蒂芬·普莱斯菲尔德的《战争的艺术》对我起到了很大帮助。）

穿越火线，也许生活已经在另一边为你准备好了盛大的派对

　　危险信号、分手和远大的目标有什么共同点？当一切活动停下时，空虚就会变得越来越具体和形象。一段感情结束时，一个重大的工程刚刚开始或者结束时，都会出现这样的状况。最初，空虚很吓人，很让人孤独，很让人难过，它们能让人感到浑身麻木。在我们允许的情况下，出现空虚状态的时候，我们的人生才能变得足够安静，安静到能让我们倾听未来。

　　所以说，做出艰难的决定吧！大胆地穿越火线，坦然面对空虚，等待未来来到眼前。

毕业生的建议

　　思想创造了现实——它们是花粉中数以百万计的颗粒，其中一个颗粒最终长成了参天大树。如果你有消极的想法，你这棵树将会变得虚弱。所有情绪上的痛楚都可以转变为艺术性的表达，艺术也因此而存在。回忆过去或者正在经历的伤害，放肆地写作、为之舞蹈或者大声歌唱吧。

——吉姆·B，哈佛大学

　　我学会了允许自己伤心难过。我一直是个乐观的人，可有时候我也会有放下一切、放空大脑的想法，我也确实这么做了。我有了一种解脱的感觉，这也让我更加珍惜自己拥有的一切。

——梅根·卡西迪，锡拉丘兹大学

　　世界陷入混乱时，总有一样是你能控制的，那就是你自己。暂停一下，放松一分钟，把问题想清楚。周围一切都陷入疯狂并不等于你也得发疯。危机、恐惧、压力巨大或者愤怒，这些经历最终都会在未来成为你和朋友聊天时的笑料。世事无常。

——安德鲁·威茨曼，塔尔萨大学

　　无论什么时候，只要我心里那个爱批评的家伙想说话了，我会回答："那不是很有意思吗？我很好奇为什么你会这样想？"这听起来很傻，但却有助于消除自己心中的那些质疑声音。当你过于严苛地评判自己，为无法改变的现状而产生负罪感时，你便无法得到成长。消除内心批评的声音，能让你客观地看待现状。也许你会发现，那些常会遭到自我嘲讽的，可能正是解决问题的全新方法。

——安迪·诺里斯，查普曼大学

深度探索：从抗拒到感恩的改变

　　这个问题的重点在于欣赏生活中那些不太明显的恩赐——那些最初让人产生抗拒，但最终却能吸取到最重要人生经验的事情。除了感恩上天对我们的恩赐，重要的是要退后一步，欣赏那些不那么明显的恩赐。

我感恩那些忙得昏天黑地、甚至忘记吃午饭的工作日，因为我觉得自己的工作得到了重视，而且我也更加享受假期。

我很庆幸有机会在工作中主导一个庞大、（有时）又有些吓人的工程，因为这意味着别人信任我，因为这些工作促使我在自己的计划之外，或者在自己没有预想到的地方得到成长。

我感恩自己的电子邮件多得读不完，这意味着我的生活和工作丰富多彩，意味着有人关心我。

当我的车坏掉时，我会暗自高兴，因为这会逼迫我骑自行车，让我每天早上有机会呼吸新鲜而又冰冷的空气。

在创作这本书的过程中，我很感恩拥有 6 个月的创作封闭期，因为这帮助我重新将自己的真心、生活和工作联系在一起。

我感恩人生中经历的那些低谷，那些绝望、悲伤和失望的时刻，就像是倾听者、人生指导和朋友，这些时刻让我拥有了一颗更加悲悯的心。

我很庆幸自己度过的那些单身时光，通过丰富他人的生活、更好地完成工作，我让自己的时间过得更有意义。

我很高兴自己是个不完美的人，因为完美很无聊。

我很幸运，我不是万事通，否则生活还有什么乐趣呢？

轮到你了：你最庆幸经历过哪些表面上的不幸、失败或错误？

工作：

金钱：

家：

朋友：

家庭：

约会与感情：

其他：

 练习：感恩清单

　　当生活没能按照我们预想的方式发展时，我们很容易迷失方向，甚至觉得天都要塌下来了。我们的心态受到了影响，我们忘记了，能有现在的生活，我们该是多么幸运。

　　如果可以的话，每天抽出几分钟写下，或者感恩生活中一切值得感恩的事情。当你过完糟糕的一天后，这个练习会特别有效。无论生活中发生了什么，大家应该考虑保存一本"感恩日记"。

我会用 10 件值得我感恩的事开始这个练习

我的健康，家人的健康，我的工作、房子、车，能锻炼的能力，能吃到好东西的能力，朋友、家人和博客读者的支持，旅行的机会，还有我的爱犬帕奇。

你的感激清单上有什么？

1. _____
2. _____
3. _____
4. _____
5. _____
6. _____
7. _____
8. _____
9. _____
10. _____

练习：创建自己的"为什么我很伟大"文档

生活有时候就是不能如你所愿：没能得到想要的工作，有一天工作干得很糟糕，说错话了，或者犯下了一个巨大的错误等等。在这样的时刻，也许你需要一个警醒——提醒自己，为了生活你已经付出了那么多努力，做到了那么多了不起的事情。

找时间把自己最大的成就、最自豪的时刻、最优秀的品质写进"为什么我很伟大"的文档中。有些时候，这份文档会在你需要时显示自己的作用（至少读完之后你的脸上会有微笑）。

十大成就（从小到大）

1. _____
2. _____
3. _____
4. _____
5. _____
6. _____
7. _____
8. _____
9. _____
10. _____

最自豪的时刻

详细写出 3 个最让自己自豪的时刻：你有什么感觉？其他人有什么反应？是什么最初促成了这样自豪的时刻？

1. _____
_____
_____

2. _____
_____

3. _____
_____
_____

最优秀的品质

列出自己最优秀的品质（"自我批评"退散！）。你爱自己的什么？是什么让你如此伟大？列出身体和个性上的特点。

1. _____
2. _____
3. _____
4. _____
5. _____
6. _____
7. _____
8. _____
9. _____
10. _____
11. _____
12. _____
13. _____
14. _____
15. _____

深度探索：够了

如果，每次你觉得自己在某些方面不够优秀的时候，我都送你一块钱，你上周能挣多少？去年呢？这辈子你又能挣到多少？总体来说，有三种不同类型的"够了"。物质上的——金钱、财产；感情上的——朋友、家人、伴侣；个人方面的——成功、外表、聪明程度、时间等等。

我们每个人都经历过"够了"这种概念的折磨。如果你总是渴望回到过去或者等待未来，你这辈子都会浪费在渴望和等待上。如果不能停下来欣赏自己所拥有的一切，不能记起真正的自我，不知道自己到底在哪方面已经"够了"的话，快乐就会转瞬即逝。

与其空等未来——坐等某一天自己突然有了"够了"的感觉——不如主动创造未来。踏实生活，就像未来已经在眼前那样生活。未来就在眼前。

世界不存在更好的状态。最大程度地过好现在的生活，你正在自己应该在的地方，这也是唯一真实的存在。

你已经拥有了自己所需的一切

你大概听说过这种说法，"重要的不是拥有什么，而是如何对待所拥有的东西。"好吧，假如我告诉你，你已经拥有追求梦想所需的全部技能、资源和天赋了呢？如果你已经认识了所有该认识的人呢？假如你现在的工作或环境已经让你为未来实现目标或者梦想得到了完美的准备了呢？如果下一个机会就在触手可及的眼前了呢？

想一想：你已经拥有了必需的所有技能、资源和天赋，你想换工作吗？想开个博客吗？你想更多地写作、跳舞、健身、唱歌还是玩？你很可能已经拥有了全部该有的技能。所以直面那些阻碍和恐惧吧，在生活中为自己真正在意的东西留下空间。未来要做的事不会永远那么轻松，这些工作本来也不该轻松。有时候，为了继续前进，我们首先要进入低谷，走出低谷就是了。真正行动起来追逐梦想，实现梦想。

Ⓧ 练习："自我批评"目录

做这个练习时，我希望你能召唤出"自我批评"这尊"大神"，也就是当你准备做大事时力图避免听到的声音。有些方法，肯定能召唤出"自我批评"的声音：想出一个远大的目标，或者你想做出的巨大的改变，写出让自己特别并受人喜爱的原因。

"自我批评"的声音，就是脑海中对自己说你出毛病了，或者告诉你为什么你或你的想法会失败。"自我批评"想让你保持现状，而实现这个目标的最有效方法，就是阻止你做出改变。

对于以下每个问题，我会分享一些属于我的"自我批评"，这也许能帮你回忆起自己的情况。即便只是打出这些文字就让我很生气（还有点难过），因为我知道那不是真的。但是把这些内容分享出来却很重要，这样你就会知道，能听到这样"自我批评"的并不只有你一个人。

另一种完成这个练习的方法，就是在读这本书时手边常备一张纸，随时记录自己的目标和每天的生活。当大脑里蹦出"自我批评"的声音后，如实记录下来，再加入到目录中。

"自我批评"告诉你了哪些信息？

我的例子：你不够可爱；不够瘦、不够漂亮；你太年轻了，在你想从事的职业中阅历不足，可有时候你又太老了。还有，你再也不会真正开心了。你生来只能做这个。当你开心时，别忘了你随时能掉入低谷。

"自我批评"在哪些方面对你提供了帮助，让你走到现在？你付出了哪些代价？

我的"自我批评"试图帮我成为完美主义者，让我在生活中更多地以成功为价值导向，让我集中精力力图精通一切。在这些问题上，"自我批评"对我起到了帮助作用。在独立、获得动力、为实现目标投入精力的角度，"自我批评"帮助了我，它促使我培养技能，在生活中的多个领域取得成功。

为此付出的代价，就是我觉得自己永远也不够好，这种感觉太让人崩溃了。

当我不断地为下一个重大目标努力，试图通过"完美"取悦自我批评的声音时，我无法活出真正的自我。从表面来看，自爱变成有条件的了。

如果你能个性化"自我批评"的声音，那会是什么样的？哪种形象或者哪个职业最能代表你的"自我批评"？（你的答案也许不止一个）

我的例子：在我伤心和孤独的时候指着我大笑的宫廷小丑；一个冲我大喊大叫让我更拼命健身的教练，以此帮助我减掉身上的每一块肥肉，好让自己变得招人喜欢；一个"顶尖时尚"俱乐部成员，她总是瞧不起我，觉得我不够时尚或者漂亮；一个手握红笔、迫不及待地想在我搞砸或者没达到她高得离谱的标准时给我不及格的学校老师。

你的"自我批评"不停地给你灌输哪些说法？

我的例子：如果你让自己失望了，去死吧；如果不能完美地完成某事，你最好连试都别试；伤心都是你的错，显然因为你做错了什么，你太失败了！

- ....
- ....
- ....
- ....
- ....

在你的潜意识里，你知道自己不是"自我批评"说的那样

　　对我来说，我知道自己的外表挺招人喜欢，取得的成就也得到了别人的尊重。事实上，当我展现出自己的缺点和脆弱时，人们会更喜欢我。世界上不存在完美的人。敢于冒险尝试新事物需要很多勇气，也会带来很多满足感，尽管从主流社会的角度出发，我并不算成功。每次尝试新事物时，我都是跌跌撞撞地一路摸索，不过最后我都能取得成功、收获自信。

　　每次做出行动，而不是被"自我批评"绊住手脚时，我都会感觉很棒。我知道自己并非"自我批评"说的那样不堪。事实上，这种声音一出现，我就知道自己已经走上了正轨。如果我没有远大的目标，或者没有做出重大的改变，这种声音必然不会出现。

　　这个练习的目的不是彻底消除"自我批评"，因为那是在做无用功，而是让我们认清"自我批评"是什么，最终用积极的思想取代这些声音。

　　大家的目标，就是在听到"自我批评频道"的"节目"时能够认清现状，这时要么"把音量调小（比如从 8 降到 2）"，要么彻底换个频道。日常生活中注意到"自我批评"的声音时，练习用潜意识中的真相替换这些信息。就像练肌肉那样——练习很关键，随着时间推移，你会越来越强。

　　最后，不要因为"自我批评"而泄气，我们都是一样的。你聪明、坚忍而富有创造力吗？好吧，你的"自我批评"也这样啊……所以说直面"自我批评"才这么重要！

消除与削弱"自我批评"的一些方法

- 听到"自我批评"的声音后，把它们加入"自我批评"目录。

- 连续两周，每天对关注自己、压制自我批评的声音从 1 到 10 进行打分。

- 写日记，留意自己每天的感受。

- 用日记做练习，我喜欢把这种练习称为"董事会"：如果你是"你"公司的首席执行官，那么公司高层开会时，和你坐在一起的董事会成员都有谁？他们的个性和举止如何？每个人强调的重点是什么？他们的身体语言说明了什么？谁的声音最大？谁的意见被无视了？

- 我的"董事会"成员包括人生指导师；一个小女孩（她就喜欢吃甜点和纸杯蛋糕）；一个如禅师般沉静的瑜伽老师；一个招人讨厌、顽固又作风硬朗的行政女性（身穿笔挺的黑色衣服和五英寸的高跟鞋）；还有一个向往自由的嬉皮士风的年轻女孩，她只想让我放松，她喜欢所有人和身边的一切。

- 对"自我批评"做出反驳。我的做法是，先对"自我批评"说："那不过是一种说法"，然后立刻想出其他在我看来更像真理的话（比如"可你说的就是不对，我能做到"，或者"我理应得到快乐"，等等）。

🐦 来自推特的建议

大学毕业后，有哪些因祸得福的事情对你的影响最大？

@Dmbosstone：最大的因祸得福：第一次把工作搞砸。学会失败，这样你就不会害怕冒险。

@ChaChanna：没找到工作，成了自由职业者，这让我拥有足够的勇气开启自己的事业。

@TomOKeefe1：跟随直觉，当了 1 年兵。这"毁掉"了我的生活，当然是从积极的角度。

@sjhalestorm：毕业后没有立刻设定职业计划，事实证明效果特别好。通过扩大社交网络，认识了很多了不起的人和朋友。

人生金名

有目的地生活，行走在前沿，认真倾听，健康生活，放纵声色，大笑，无悔选择，珍惜朋友，继续学习。做自己爱的事，活出真正的自我。

——玛丽·安·拉德马赫

那些能持续获取全新和更佳的信息、从而应用在工作和生活中的人，将会在可预见的未来成为改变我们整个社会的人。

——布莱恩·特雷西

从脚下的地方到我想去的地方，这之间的跳跃令人胆寒……正因为如此，我会闭上眼睛，飞身一跃！

——玛丽·安·拉德马赫

动力的关键是动机。这就是原因。是我们内心深处燃烧着的一团烈火，让我们能更轻松地对不那么重要的事情说不。

——史蒂芬·R. 柯维

即便长寿，人生依旧短暂。无论你想在人生中实现什么梦想，行动吧。

——吉姆·罗恩

有效的行动后，要伴以沉静的反思。从沉静的反思中会诞生更多有效的行动。

——彼得·德雷克

没人可以完成任何完美或威风凛凛的事，除非他听到只有他才能听到的耳语。

——拉尔夫·沃尔多·爱默生

每个人必须接受人生发给他或她的牌；可一旦牌到手后，为了赢得胜利，他或她必须独自决定如何出牌。

——伏尔泰

即便是最凶残的敌人，也不会像自己的思想那样对你产生那么大的伤害。一旦掌握了自己的思想，它提供的帮助将无人能比。

——《法句经》

如果你听从自己的本能，你就让自己走上了某条路，这条路其实一直在等着你。你应当过上的生活，就是你现在的生活。

——约瑟夫·坎贝尔

在这样一个日日夜夜想把你变成别人的世界里，做自己，不要做别人。这意味着，要面对人间最艰苦的战斗，永远不要停止斗争。

——卡明斯

人们总是把自己的现状归咎于环境。我不相信是环境的问题。能在这个世界上过得自如的人，都是主动寻找适合自己环境的人。如果找不到，那就动手创造。

——萧伯纳

仅仅小蹦两下，你是无法跨越大峡谷的。

——佚名

你的每一个欲望之所以存在，是因为你认为满足这些欲望能让自己快乐；但快乐只能在眼下这一刻获取。因此，任何让自己在未来快乐的欲望，都会阻碍你现在获得快乐的能力。只有和现下一刻达成和解，你才能立刻快乐。

——马斯丁·吉普

我不会把哪怕一秒钟的宝贵时间浪费在生气、仇恨、嫉妒或者自私这些情绪上。我懂得种瓜得瓜种豆得豆的道理，因为每一次行动，不论是好是坏，总会得到相应的结果。现在我只会播下好的种子。

——奥格·曼狄诺

我们最深的恐惧，就像有巨龙守护的最深的财富。

——莱纳·玛利亚·里尔克

如果你的慈悲不包括自己，那就不完整。

——佛

大多数人相信，心灵是面镜子，或多或少反映了身边的世界。但他们没有意识到的是，从另一面看，心灵本身也是创造的基本要素。

——泰戈尔

只为了未来的某些目标而生活，这是浅薄的态度。维系生命的是山坡上的一切，而非山顶。

——罗伯特·M.波西格

我有三宝，持而保之，一曰慈，二曰俭，三曰不敢为天下先。

——老子

当你感觉自己已经到了极限，无法再向前迈出一步时，当生活似乎了无希望时，这会是多好的一个重新开始的机会啊！就此翻开新的一页。

——艾琳·卡迪

 推荐阅读

《飞跃：克服自己隐藏的恐惧，把人生提升到更高层次》
盖伊·亨德里克斯

《快乐生活：个人力量和精神转变的关键》
萨那亚·罗曼

《安抚不安的精神：出人意料解脱自己的简单方法》
里克·卡森

10
Chapter

《凡你在处，便是自己：日常生活中的正念修禅》

乔·卡巴金

《现在的力量：精神顿悟指南》

艾克哈特·托利

《欢迎来到危机中：如何利用危机的力量创造自己想要的生活》

劳拉·戴伊

《自我冥想：平静与祥和的 3299 个座右铭、窍门、引语和公案》

芭芭拉·安·吉普弗

《四个协议：个人自由的实用指南》

唐·米格尔·鲁伊兹

《九型人格的智慧：九型人格心理、精神成长的完全指南》

唐·理查德·里索、鲁斯·哈德森

《战争的艺术：打破阻碍，赢得内心创造之战的胜利》

斯蒂芬·普莱斯菲尔德

Chapter 11
总结思考：
过自己想要的人生

> 过程永远包含风险，你不可能既盗了二垒，脚还停在一垒上。
>
> ——弗雷德里克·威尔考克斯

我想用创作这本书的一个小故事作为最后的总结。我在生活中取得的每一个重大成就、轨迹都和这个故事差不多，这些成就远不止经济独立和事业成功这么简单。这是一个自我批评不断纠缠的故事，在这个故事里，我的目标太大了，我甚至不敢大声说出自己的梦想；这是一个关于自我怀疑、自我挫败的故事，但其中又包含着朋友和家人大量的支持，以及意外的好运气。这个故事说明，每次迈出一小步，每次都朝前试探那么一点儿，最后等待自己的，将是伟大的结果。

11

熬过自我怀疑

当我还是孩子时，就梦想成为作家。每周我都会看一本新书，我把卧室布置得像图书馆一样，把所有书规规整整地分类摆放。如果有人不按时还书，我还会写一张"迟到通知"给他们。我在自己的客厅里办了一张家庭新闻月刊，这张"报纸"我整整办了10年。后来我又成了高中校报的主编，还拿到了"加州高中年度记者"的荣誉。

可到了要写这本书的时候，我却感觉自己要被怀疑和担忧淹没了。那种感觉，就像有人在我头上拧开了自我批评的水龙头一样。"这种书已经有人写过了""我不够聪明，不够有趣""我太老了，我太年轻了""我没有遭遇过不幸，我一点也不特别，我从来没在国外生活过，也没有值得谈论的疯狂的生活经历""我既不吸引人，也不那么风趣，而且对销售和市场营销一点也不在行"。你是不是已经听够了？光是想想要面对这些乱七八糟的情绪，我就已经精疲力尽了！

完成这本书的初稿后，我担心没人喜欢看。于是我把初稿藏在电脑里整整6个月，在这段时间里，我甚至没有打开过那个 Word 文档。我不敢把初稿交到出版社那里，因为我觉得自己肯定会被拒绝，我觉得自己不够坚强，无法面对编辑吹毛求疵的反馈。（大错特错啊！）

意外的好运，以及滚雪球般成功的开始

我可以很肯定地说，如果没有家人、朋友、人生指导师和博客读者（再

加上上帝给我的几个幸运信号）的鼓励，这本书就不会出现在大家的眼前了。我内心中的自我批评一定会占据上风，因为写书是我的人生目标，而这正是自我批评最爱的战场。

每向前迈出一步——写好计划书、找到经纪人、向出版社推销自己，我都是冒着被拒绝的风险，不过最终将一切付诸了行动，这种感觉棒极了。对我来说，几个关键的时刻和会谈为最终的成功打开了滚雪球效应的开端，而我也坚持了下来——就算知道自己随时可能"失败"，我还是坚持推动这本书最终完成。

尽管我确实被经纪人和出版社拒绝了，不过还是有几个人很有兴趣，而且给了我非常积极的反馈。和"奔跑"出版公司签下写书的合约，就像在脚上固定好滑雪板一样：不论中途会遇到什么样的绊脚石，我锁定了前进的路线，终于看到了最后的终点线。

无条件的成功

无论卖掉多少本书，我都觉得自己取得了成功，因为我实现了成为作家的梦想，而这正好也是实现另一个更大、更重要目标的方法，帮助他人热爱自己的生活。我真心希望自己能在某些方面帮助或者激励你。

每天晚上我可以安心入睡，因为我知道自己没有放弃自己伟大的人生理想，我度过了所有困难而黑暗的时刻，跟随本能，一点一点摸索，向前推进自己的梦想。等到这本书正式上市时，它已经走过了从我的大脑、我的电脑到出版社整整 3 年的历程。我很庆幸，这一路能学到那么多东西。

最后的思考

我和你一样。我是普通人，有着各种各样的毛病。我不是完人，我也不知道所有问题的答案。我很幸运，有爱我的家人，还得到了几次非常幸运的人生突破的机会。可我同样很努力地工作、设定目标、调查研究、建立社交网络，我遭遇过重大的挫折，和内心丑陋的魔鬼搏斗，心碎过、困惑过，我相信你也都有过这样的经历。

　　也许你的正规教育已经结束了，可大学毕业后的生活还是学习的过程。了解自己是谁，了解自己想要什么，学习如何实现梦想，还有也许是最重要的，那就是学习如何放松和享受追逐梦想的过程。对自己好一些，别忘了，每经历一次失败或者失望，前方就有新的机会等待着你，身边还有一大群支持你的人。就让自我批评的声音和经历的挫折成为自己走上正轨的标志吧！

　　我希望，无论经历了什么样的挫折，你都能继续追寻自己的梦想，每天迈出一小步。活出精彩！人生太短暂了，不要虚度年华。

　　给大家一个大大的拥抱，谢谢！

詹妮·布雷克

附录

必要的清单

这本书里有很多信息。为了帮助大家真正付诸行动，以下都是生活中每个方面走向下一个阶段必要的步骤。每一个板块里都有一个空白的表格，里面是你继续前进必须实施的行动。

人生：你的大方向

☐ 在便利贴上写下对你来说最重要的 5 个价值观，把它贴在每天都能看见的地方。

☐ 抽时间写下你对生活每一部分的期望。

☐ 列出自己在下一年希望实现的 3 个明确的目标。选出其中最有野心又最吓人的一个——那也会是最让人兴奋的一个目标。

☐ 在这里补充你的内容：

工作：你要无可取代

☐ 做几个个性分析（比如迈耶斯 – 布里格斯分析或者"查找优势"2.0），帮助自己确定未来的职业发展方向，向未来的雇主明确自己的优势。收集分析结果，把它们储存在"专业文件夹"里。

☐ 为学习制订一个计划。如果想得到梦想中的工作，或者想在现在的工作中变得无可取代，你需要掌握什么技能、知识或者经验？

☐ 选择 3 个在职业或者角色上引起你兴趣的人。安排和他们一起吃饭或者喝咖啡，从他们身上学习如何获得机会，建立自己的社交网络，并且寻找潜在的导师。

☐ 在这里补充你的内容：

金钱：手段而非目的

☐ 在类似Mint.com的网站上注册金融管理平台，追踪并管理自己的支出。

☐ 开设一个紧急情况账户，将这个账户与日常开支账户区分开。设定每月自动向这个储蓄账户存钱。参加公司的养老保险。

☐ 抽时间彻底搞清楚自己的经济状态。随便一个月，你的收入是多少？必要支出，比如房租和水电费是多少？还剩多少可以自由支配的空间？

☐ 在这里补充你的内容：

家：独立生活，家务活要尽早习惯

☐ 买一个可以装一次性抹布的桶，把桶放在厨房或浴室的水池边，这样在客人到访前很快就能把水池清理干净。

☐ 在衣柜里放一个捐赠箱。如果试完衣服后感觉自己再也不会穿了，那就把衣服放进捐赠箱里。

☐ 在小药箱里储备常用药：阿司匹林、创可贴、新孢霉素、胃药、眼药水、炉甘石洗剂、双氧水、纱布、速达菲和开瑞坦。

☐ 在这里补充你的内容：

有条理地生活：秩序即是力量

☐ 建立一个表格，储存各类服务电话（健康等等）。

☐ 建立日程表，有效追踪预约信息，设定提醒，提前做好一切准备。

☐ 买一个文件箱，存放账单和其他重要的文件并专门新建文件夹。

☐ 在这里补充你的内容：

....

....

朋友和家人：那些最稳固的支持者

☐ 和关系最亲密的朋友安排一次重聚。（尽量提前安排，这样所有人都可以安排好其他日程）

☐ 根据一个共同的目标（比如健身或者营养）或者共同的兴趣（领导学、时间管理）建立一个同道者支持团队。

☐ 列出能在自己生活区域结识新朋友的方法：做义工、体育活动、校友团体、做宴会主持、社交俱乐部等等。

☐ 思考如何改善并加深与家人的关系。

☐ 下一次和家人互动时，选择一件可行的事（比如给父母写一个感谢卡）。

☐ 在这里补充你的内容：

....

....

约会与感情：关于单身、分手和认真恋爱

☐ 列出未来伴侣必须拥有和不能拥有的品质。

☐ 反思自己应当改进的地方（如果做出改变了，会对现在的感情、未来的伴侣产生积极影响）。

☐ 列出从过去的感情中学到的教训。这些教训让你在下一段感情中期待什么？

☐ 在这里补充你的内容：

健康：不是太累，而是太懒

☐ 写下自己喜欢的活动。下个月安排两次娱乐活动。

☐ 明确自己在吃饭和锻炼上遇到的最大麻烦：做出哪些改变能带来最大的影响？

☐ 如果经济状况允许，聘请私人教练或者上健身课。（就上一节课也算！）

☐ 在这里补充你的内容：

娱乐与休闲：没有人是永动机

☐ 列出 15 个既低消费又能让自己开心的活动。

☐ 找出 3 件能给自己每天的生活带来更多乐趣和放松的事情。

☐ 创建一份人生目标清单，写上所有自己在人生中想做或者想尝试的事情。

☐ 在这里补充你的内容：

个人成长：敢不敢对自己好一点？

☐ 创建自己的"为什么我很伟大"文档——这是一份写满个人成就、最自豪时刻和最优秀品质的清单。经历困难时光，或者需要提振自信时，可以看看这份文档。

☐ 试着在下周的每一天抽出 5 分钟，独自一人，享受彻底的平静。

☐ 记录未来两周"自我批评"发出的所有信息。

☐ 在这里补充你的内容：

Ⓧ 最后一次练习：写给自己的笔记

恭喜！你已经走过很长一段路了。希望这本书里的小窍门和练习能带给你很多思考。现在，你是专家了。总之，你比任何一个人都要了解自己。

在开启人生的下一段旅程时，你想给自己什么建议？

致谢

妈妈：谢谢你在我大学毕业后这么快就帮我站稳了脚跟，从我还是个小女孩开始，无论是生活、工作还是独立，我从你身上学到了太多。如果没有你的人生经验和实用的指点，我是不可能写出这本书的。感谢你，在我每一次人生的重大转折时对我的帮助和支持，你太棒了。哦，我保证，总有一天我会学做饭的！

爸爸：每周一起散步时，谢谢你源源不断地为我提供独到的见解和灵感；感谢你永远那么乐观，永远那么富有灵感，永远敢于梦想。谢谢你让我保留了写这本书的梦想，甚至在两年前我最初形成写书的想法时，是你一直提醒我，这本书能帮助很多人。作为对那些无价的修改意见和建议的回馈，我送了 10000 分好运积分给你喽。

致我哥哥汤姆：T-Bones，你就是个天才，也是我最忠实的支持者。你的坚持、干劲、热情、自信、激情、鼓励以及无与伦比的幽默感，让我相信我是地球上最幸运的妹妹。哦，我很抱歉，小时候逼你写假的练习册要了学校的老师。我觉得你也从中学到了什么？谁会想到，我能把当年的小把戏变成现在的这本书？

致我的祖父母：感谢你永远相信我。奶奶——在我出生的那一天，你就预测到了这本书，你说："詹妮·布雷克，这像是作家的名字。总有一天她会出书的。"你说得没错！谢谢你帮助我实现了"大学毕业后"最重要的人生里程碑，你的支持和鼓励对我有着太多的意义。

致我的经纪人萨拉·拉金和我的编辑詹妮弗·卡西乌斯：说真的，没有你就没有这本书。谢谢你们从我身上和这本书中看到了潜力，谢谢你们在每个阶段对我的帮助。和你们两人合作是我的荣幸。同时，我还要感谢《国家地理》的苏珊·布莱尔，是她的兴趣和鼓励，让我在出现写作瓶颈几个月后重新捡起了这本书。谢谢你和我一起照了那些特别好玩的大头照（距离咱俩第一次照相已经过去 26 年了）。还有鲍勃·戈登，感谢你为我提出的那些明智的法律意见，尤其谢谢你介绍我和萨拉认识！另外，我还要特别感谢大卫·哈灵顿和里根·哈灵顿。

特别感谢其他为这本书做出贡献的"奔跑"出版公司的人们：苏珊·霍姆强大的编辑能力；阿曼达·里奇蒙德精彩的排版与设计；克雷格·赫尔曼在市场营销和推广上对我的帮助，还有其他我没有提到的幕后工作者。

致改变我人生的人生指导师们：露丝·安·哈尼施、埃里克·马奇奥塔、詹妮·费里、芭芭拉·费迪帕尔迪、杰夫·杰克布森、史蒂夫·麦克斯维尔以及亚德里安·克拉法克。感谢你们帮助我看到了自己的梦想，感谢你们在我迷茫的时候让我保有最长远的眼界，感谢你们在我每一次人生转折时不断地鼓励我。言语无法表达我对你们的感激之情。露丝·安：谢谢你那些了不起的人生指导，谢谢你帮助我突破了自己的极限。你那数不清（且无价）的人生经验与睿智的话语将伴随我终生。

致我写书（还有人生）的导师们：苏珊·比安利、克里斯·格莱布（詹妮·布雷克顾问委员会创始成员）、迈克尔·拉森、菲尔·瓦拉里尔和凯文·斯默克勒。感谢你们，即便刚刚认识我，也相信我能成为作家。感谢你们分享自己犯错和失误的经历，帮助我避免犯下相同的错误。感谢你们无论在多忙的时候都会抽出时间解答我的问题，谢谢你们源源不断的鼓励和支持。你们是了不起的楷模，你们能出现在我的生活中，我感到非常幸运！

致林恩·瓦弗莱克和道格·里弗斯：谢谢你们，在我 20 岁的时候冒险选择了我。在"计量统计"公司工作真是的一生难得的机会，从你们身上，还有很多我做过的工作中，我学到了太多。林恩：我还是不知道怎么料理甜薯，不过只要你参加比赛，我很愿意做裁判。

致我的天使们：朱莉·克洛、塔拉·卡诺比奥、艾丽莎·杜塞特、詹妮·费里和杰雷米·奥尔。在创作这本书的过程中，在我经历的无数起伏、空虚、心魔、自我批评、挫折和抑郁时，是你们帮我走出了困境。可最重要的是什么？当这本书真的写出来后，是你们陪我一起庆祝。当我自己还在为这本书的真正完成而震惊时，你们就在我身边，给我拥抱，带我喝马蒂尼，一起尖叫庆祝，帮我一起烤了两打酥心的纸杯蛋糕。感谢你们，成为一个女孩这辈子所能要求的最好的朋友。

朱莉·克洛：感谢你做出的数不清的编辑、策划、设计工作，以及对这本书冷静的检查。我很幸运，能拥有你这样一个杰出的朋友。和你在一起，我不仅能分享写书的想法，我们还能一起聊瑜伽、健身、美食、工作和娱乐。你真的很了不起。

詹妮·费里：你一直陪伴在我的身边。在我写作这本书时（以及我的人生中），你就是一道明亮而闪耀的阳光。

感谢在我写作这本书的过程中，对我直接提供帮助和鼓励的人：吉尔·诺克斯、莎拉琳·哈特维尔、马蒂·德雷、杰米·瓦隆、玛格丽特·科布兰茨、劳拉·奥特森、艾米丽·舒曼、艾米·爱尔兰达、艾琳·麦克格兰纳罕、梅根·斯蒂奇特、瓦妮莎·梅尔、劳伦·朱尔、劳拉·博伊德、克里斯蒂·里奇、本吉·芬恩、朱·洛伊扎、安德里亚·欧文、斯黛西·克鲁斯、卡特亚·金斯顿、切尔西·拉蒂默、伊芙·艾伦伯根、安德鲁·威茨曼、安·伊丽莎白·格蕾斯、内特·圣皮埃尔、J-Money、莱恩·奈普、杰·施莱尔、查查娜·辛普森、威利·杰克逊、格蕾斯·博伊尔、莱恩·斯蒂芬斯、德里克·沙纳罕、莱恩·鲍尔、多纳利·沃克、茉莉·霍恩、马哈尔、斯里纳瓦斯·劳、丹尼、保罗·威廉姆斯、凯蒂·泽里帕克、格雷格·布兰科、乔伊·阿格康加伊、芭芭拉·德玛雷斯特、迈克·罗宾斯、贝基·科顿、洛里·霍奇森、蒂娜·里弗德、帕米拉·斯利姆、林西·波拉克、本·克斯诺查、DS，还有我在纽约的天使——安·图利。

致我的老师们——玛丽安·楚宁、金·阿克和林恩·瓦夫雷克：你们也许觉得只教会了我数学、瑜伽和政治学，可你们同样也教会了我如何以一个傲人女性的形象面对世界。谢谢你们，激励我成为一个有干劲、风趣、友好、成功、全面、平易近人而且干什么都很厉害的女人。

致本书写作过程中的小圈子：是你们让这个工作变得如此有趣！谢谢你们在我创作的每一个阶段对我的关注和支持。知道有你们陪伴，能在每一次转折时和你们分享，对我来说意义重大。

本书的其他贡献者：感谢所有在推特和调查问卷中回复我的人。你们对这本书的贡献是无价的。尤其感谢"#u30pro"团队：劳伦·费尔南德斯、斯科特·海尔和大卫·斯宾克斯，他们帮助我在最后时刻在推特上开展了一次世界级的活动。

致我的博客读者，以及所有和我"一起长大"的20岁年轻博客写手们：打从心底里感谢你们。没有你们，我不会走到今天。你们让我振奋谨慎，永远前进，你们给我鼓励，你们的每一个回复、每一封电子邮件，让我变得越来越聪明。我珍视你们的存在，你们真正改变了我的人生。谢谢你们。

致本书的读者们（就是各位啦！）：我很荣幸，能将本书和书中的理念同大家分享，感谢各位把宝贵的时间和精力用在这里。

致所有我忘记提及的各位——对不起，我爱你！

关于詹妮·布雷克

詹妮 2006 年开始在谷歌工作，目前，她在谷歌担任职业发展项目经理以及内部指导。她的工作范围包括人生指导、管理培训，以及搭建可变通的计划，帮助谷歌员工的个人成长以及职业发展。

在谷歌公司工作期间，2008 年，詹妮在"指导训练机构"完成了成为人生指导师的培训，并且在 2010 年获得资格认证。她是被认证的迈耶斯－布里格斯性格分析的专业分析师，同时在 2010 年还成为"国际人生指导师协会理事会"成员。2010 年，詹妮还在圣巴巴拉的"白莲花"协会完成了瑜伽教师的培训。

去谷歌工作之前，在 UCLA 读到大三一半时，詹妮选择休学，和大学教授、导师一起协助创立了"计量统计"政治调查公司（该公司后被收购，更名为 YouGov America）。在那里工作的两年间，她做过办公室主任、市场营销助理以及网页设计师。

2005 年春季，詹妮回到学校，完成了在 UCLA 的学业。她在 3 年内拿到了政治学和交流学两个学位，还获取了其他荣誉：Φ β K 联谊会会员（美国大学优等生荣誉学会）、以优异成绩毕业，并且获得了其他校内荣誉。

关于博客

依靠自己的力量跌跌撞撞地经受住"现实世界"的考验后，詹妮觉得自己有义务和其他年轻人分享自己的经验。比朋友更早离开学校的经历，加上她对鼓励他人的热爱，詹妮最终在 2005 年创建了 LifeAfterCollege.org。

詹妮的目标，是帮助人们关注自己人生的大方向……而不仅仅是细节

问题。通过在博客上提供有关生活、工作、幸福、个人成功和其他主题的
简单而实用的指导，詹妮做到了这一点。

好玩的事

詹妮热爱纸杯蛋糕、咖啡和个人发展类书籍。狗狗、跳舞、小玩意儿、
瑜伽、美式足球比赛、写作、高大上的 Moleskin 笔记本和旅行也都是她
的最爱。

詹妮同样热衷于性格测试。事实上，你对她只需要了解：她是迈耶斯－
布里格斯测试中的供应者（ENFJ）、九型人格中的"造诣型"、凯尔西
测试中的理想主义者 / 教师，在"真实颜色"测试中是兰 / 橙色。"优势
查找"测试中，她的优势为：讲述者、战略家、学习者、实践家和活动家。

在推特上关注詹妮的账号 @jenny_blake，或者点击 LifeAfterCollege.
org，下载模板、订阅博客，或者了解更多有关她人生指导、训练和演讲的
内容。

对本书有什么想法吗？有什么建议、个人困难或者成功的故事要
分享吗？

我很高兴得到你的反馈，请把邮件发到 jenny@lifeaftercollege.org
骚扰我吧！

想帮忙在全世界扩大影响吗？

如果你喜欢这本书，认为其他人也能从书中获益，如果你能用以下的
方式帮助我，我会很感激的。

- 在亚马逊上留下书评，帮助其他人决定是否购买本书。

- 购买本书作为礼物送给朋友或亲戚。
- 通过在 Facebook 上发帖，或者在推特上加关键词 LACBook 写出自己的想法，让自己社交圈里的朋友知道本书是否有用。
- 在 Facebook 上加入我们的集体 facebook.com/LifeAfterCollege。
- 订阅 LifeAfterCollege.org 的博客。

非常感谢各位的支持！

就像本书的导师之一迈克尔·拉森说的那样："并非作家和出版商让图书保持了生命力，这是读者的力量。"

感谢你，帮助我的这本书（还有我的梦想）保持了生命力。

去，过你想要的人生

[美] 布雷克 著
傅婧瑛 译

LIFE AFTER COLLEGE: The Complete
Guide to Getting What You Want by
Jenny Blake

by Jenny Blake

图书在版编目 (CIP) 数据

去, 过你想要的人生 / (美) 布雷克著；傅婧瑛译.— 北
京：北京联合出版公司, 2015.3 (2019.3 重印)

ISBN 978-7-5502-4193-0

Ⅰ.①去… Ⅱ.①布… ②傅… Ⅲ.①成功心理－通
俗读物 Ⅳ.① B848.4-49

中国版本图书馆 CIP 数据核字 (2014) 第 278453 号

北京市版权局著作权合同登记号 图字:01-2014-7600 号

策　　划　　联合天际
特约编辑　　赵　然
责任编辑　　李　伟 刘　凯
封面设计　　U-BOOK

未
UnRead
—
思想家

出　　版　　北京联合出版公司
　　　　　　北京市西城区德外大街 83 号楼 9 层　100088
发　　行　　北京联合天畅文化传播公司
印　　刷　　北京联兴盛业印刷股份有限公司
经　　销　　新华书店
字　　数　　240 千字
开　　本　　880 毫米 × 1230 毫米 1/32　9.5 印张
版　　次　　2015 年 3 月第 1 版　2019 年 3 月第 3 次印刷
I S B N　　978-7-5502-4193-0
定　　价　　39.80 元

关注未读好书

未读 CLUB
会员服务平台

Notes

Notes

Notes

Notes